ISBN 978-3-7091-9574-1   ISBN 978-3-7091-9821-6 (eBook)
DOI 10.1007/978-3-7091-9821-6

BEITRÄGE ZUR ENTWICKLUNGS-GESCHICHTE DER KRANIOZEREBRALEN TOPOGRAPHIE DES MENSCHEN

VON

FERDINAND HOCHSTETTER

ORDENTL. MITGLIED D. AKAD. D. WISS.

(MIT 13 TAFELN UND 3 ABBILDUNGEN IM TEXT)

VORGELEGT IN DER SITZUNG AM 17. DEZEMBER 1942

Einleitung.

Über die Lageveränderungen, welche sich an den einzelnen Hirnteilen der Innenfläche der Hirnkapsel gegenüber während einer späteren Entwicklungsperiode feststellen lassen, in welcher sich die Lage einzelner Hirnteile an der Oberfläche des Kopfes nicht mehr abzeichnet und man bereits von dem Vorhandensein einer primordialen Schädelkapsel sprechen kann, liegen im Schrifttum nur verhältnismäßig wenig Angaben vor. Verfügt man jedoch über gute Bilder von Profilansichten einer fortlaufenden Reihe von Entwicklungsstufen des Gehirns und kann man dieselben mit den Bildern der Schädelinnenflächen median durchschnittener Keimlingsköpfe gleicher Entwicklungsstufen, aus denen die Gehirne sorgsam entfernt worden waren, und mit den Profilansichten der betreffenden, von allen Weichteilen befreiten Schädel vergleichen, bzw. die Bilder der Gehirnprofile in die Bilder der Profilansichten der in Betracht kommenden Schädel einzeichnen, dann bereitet die Vorstellung, in welcher Weise sich die einzelnen oberflächlich gelegenen Hirnteile der Schädelinnenfläche gegenüber verschieben, keine besonderen Schwierigkeiten. Allerdings wird man sich dabei stets vor Augen halten müssen, daß mit dem fortschreitenden Wachstum der Hirnteile und den gleichzeitig vor sich gehenden Verschiebungen einzelner von diesen Teilen anderen gegenüber ein stetiges Wachstum der Schädelkapsel parallel läuft, das eine entsprechende Vergrößerung des Schädelinnenraumes zur Folge hat, und daß gleichzeitig mit diesem Wachstum in Anpassung an die Änderung der Gesamtform des Gehirns auch eine Umgestaltung der Form des Hirnschädels vor sich geht.

Dabei läßt sich aber auch feststellen, daß das Wachstum des Hirnschädels dem Wachstum des Gehirns sowie dem seiner einzelnen Teile bis zu einem gewissen Grade vorauseilt. Das heißt das Gehirn füllt zu keiner Zeit der fötalen Entwicklung den Hirnschädel wirklich völlig aus. Es ist vielmehr stets durch eine an verschiedenen Stellen seiner Oberfläche verschieden dicke Lage leptomeningealen Gewebes von der Duraauskleidung der Schädelkapsel getrennt. Dies hat wieder zur Folge, daß die Innenfläche des fötalen Hirnschädels nur in ganz groben Zügen einen Abklatsch der Gehirnoberfläche darstellt und keineswegs den Eindruck erweckt, als wäre sie den Formverhältnissen der Gehirnoberfläche wirklich genauer angepaßt. Es besteht demnach zwischen der Innenauskleidung des Hirnschädels und der Oberfläche des Gehirns ein gewisser, allerdings mit dem zunehmenden Alter des Fötus immer stärker abnehmender Grad von Inkongruenz. Besonders auffallend macht sich dieselbe im Bereiche der Fossa lateralis cerebri, sowie in dem der Schläfe und Hinterhauptspole der Großhirnhemisphären bemerkbar. Hervorragend ausgeprägt aber ist diese Inkongruenz auch im Bereiche des Kleinhirns, welch letzteres den ihm zur Verfügung stehenden Raum kaudal von der Anlage des Zeltes zu keiner Zeit des fötalen Lebens auch nur einigermaßen vollständig ausfüllt.

Wesentlich größeren Schwierigkeiten begegnet man freilich, wenn es sich um die Vorstellung der Art und Weise handelt, in der sich die Verlagerungen oder Verschiebungen von beim ausgebildeten Individuum weiter entfernt von der Schädelwölbung gelegenen Hirnteilen handelt, die ihre ursprüngliche Beziehung zur Schädelinnenfläche mehr oder weniger weitgehend dadurch vorloren haben, daß dieselben so wie das Zwischen-, Mittel- und Rautenhirn von den Großhirnhemisphären überwachsen wurden und dadurch vollkommen oder teilweise von der Innenfläche des Schädels abgedrängt erscheinen. Bei diesen Hirnteilen handelt es sich um zweierlei Verlagerungen oder Verschiebungen. Die eine Art derselben bezieht sich auf die dem Schädelgrunde zugewendeten Abschnitte dieser Hirnteile, die mit dem letzteren mehr oder weniger fest verbunden zu sein scheinen, Verbindungen, deren Längenwachstum meist kein besonders erhebliches ist, womit vielleicht im Zusammenhange steht, daß auch die durch dieses Wachstum ermöglichten Verlagerungen kaum einen höheren Grad erreichen.

Die Hirnteile, um die es sich dabei handelt, sind die folgenden: erstens die Riechhirnausladungen der beiden Hemisphären, die durch die Fila olfactoria an die Lamina cribriformis der Siebbeinanlage gebunden erscheinen; zweitens der basiale Teil des Zwischenhirns, der durch die Augenblasenstiele, bzw. die aus diesen entstandenen fasciculi optici an die zerebralen Mündungen der Canales fasciculorum opticorum und durch das Infundibulum an den intradural in der Fossa hypophyseos gelegenen Hirnanhang befestigt ist; drittens um den basialen Abschnitt des Mittelhirns, der durch die Nn. oculomotorii mit der harten Hirnhaut in den Divergenzwinkeln der Limbi spheno petrosi mediales et laterales verbunden ist, und schließlich um die dem Clivus zugewendeten Flächenabschnitte, der aus Teilen des Rautenhirns hervorgegangenen Brücke und des verlängerten Markes, die gleichfalls durch die an ihrer Oberfläche zutage tretenden Nervenwurzeln mit der Dura mater des Schädelgrundes in Verbindung stehen.

Noch schwieriger zu beurteilen sind freilich Verlagerungen, welche Abschnitte von Gehirnteilen betreffen, die von vornherein in der Tiefe, weit entfernt von der Schädelinnenfläche gelegen sind, sofern man die Beziehungen solcher Abschnitte nicht bloß zueinander, sondern auch in ihrer Projektion auf die Schädelinnenfläche festzustellen wünscht. Hierbei vermag man nur durch Untersuchung von Schnittreihen verschiedener Entwicklungsstufen zu einem gedeihlichen Resultat zu gelangen. Dabei ist es besonders zweckdienlich, wenn man neben Frontalschnittreihen auch Horizontal- und Sagittalschnittreihen verwendet. Vor allem aber hielt ich es für besonders wichtig, mich über die während der Fötalzeit an den in der Körpermitte gelegenen Hirnteilen vor sich gehenden Verschiebungen und Lageveränderungen dadurch zu unterrichten, daß ich eine möglichst große Zahl von Medianschnitten durch Köpfe von Föten der verschiedensten Altersstufen herstellte, um dieselben miteinander vergleichen zu können. Für die richtige Beurteilung der während der Fötalzeit an den median gelegenen Hirnteilen vor sich gehenden Verschiebungen ist jedoch wieder eine genaue Kenntnis der Lageverhältnisse dieser Teile beim Erwachsenen und beim Kinde unerläßlich.

Nun sind aber bisher, wenn ich von der Fig. 1326 des von mir herausgegebenen Toldtschen Atlas der Anatomie des Menschen absehe, die ich nach dem in Abb. 1 auf Tafel 1 der vorliegenden Arbeit wiedergegebenen Lichtbild eines von mir hergestellten Präparates[1] habe anfertigen lassen, soweit ich ermitteln konnte, schöne, das heißt naturgetreue Bilder von wirklich guten solchen Medianschnitten durch die Köpfe von Erwachsenen und kindlichen Individuen, an denen alle den Anatomen interessierenden Einzelheiten deutlich zu sehen sind, noch keine veröffentlicht worden.[2] Es ist dies wohl darauf zurückzuführen, daß solche Median-

---

[1] Wie dieses Präparat hergestellt wurde, habe ich 1943 in dem 106. Band der Denkschriften der Wiener Akademie der Wissenschaften mitgeteilt.

[2] Alle bisher veröffentlichten, als halbwegs gut zu bezeichnenden Bilder solcher Medianschnitte dürften wohl aus der Kombination von Bildern median oder mit Rücksicht auf die Fortsätze der harten Hirnhaut para-

schnitte bisher nur mit Hilfe der Säge durch gefrorene Köpfe hergestellt wurden. Präparate dieser Art liefern jedoch Bilder, die den natürlichen Verhältnissen nur in ganz groben Zügen entsprechen. Das hat seinen Grund darin, daß die Gehirne beim Frierenlassen der Köpfe wegen ihres großen Wassergehaltes an Volumen beträchtlich zunehmen, was wieder zur Folge hat, daß die anschwellenden Großhirnhemisphären das Tentorium gegen die hintere Schädelgrube herabdrängen und daß infolgedessen die beim Erwachsenen dem Foramen occipitale magnum gegenüberstehenden Tonsillen des gleichfalls anschwellenden Kleinhirns mehr oder weniger weit durch diese Öffnung in den Wirbelkanal herausgedrückt werden. Auch werden dabei die basalen Teile des Zwischenhirns gegen den Schädelgrund gedrängt, so daß die Lage des Trichters und des Chiasma fasciculorum opticorum völlig verändert erscheint. Dazu kommt noch, daß die Säge das Hirngewebe und vor allem die Hirnhäute mehr oder weniger stark zerreißt, also feinere topographische Einzelheiten, wie die in der Gegend der Zirbel und des Balkenwulstes vorliegenden nicht erhalten bleiben können.[1]

Von Keimlingsköpfen liegen bisher nur die in den Fig. 24 und 25 auf Tafel XI von mir (1929, 2. T. H. A.) wiedergegebenen Lichtbilder der Medianschnitte vor, die als ziemlich gut gelungen bezeichnet werden können. Sie betreffen die Köpfe von Keimlingen, die S. S. Längen von 50 und 67 mm hatten.[2]

Um mir nun einen guten Überblick über die Verschiebungen und Verlagerungen, welche die Hirnteile menschlicher Keimlinge während der Entwicklung erfahren, zu verschaffen, habe ich von den durch einen kaudal vom Kehlkopf geführten Querschnitt durch den Hals vom Rumpfe abgetrennten Köpfen von mehr als 50 lebensfrisch in Zenckerscher Lösung fixierten Keimlingen, die S. S. Längen von 29 bis 230 mm hatten, Medianschnitte durch das Gehirn im Schädel angefertigt. Zu diesem Zwecke wurden die entkalkten Objekte auf das sorgfältigste in Paraffin eingebettet und bei der Einbettung genauestens so orientiert, daß die spätere Einstellung zum Zwecke der Schnittführung keine besonderen Schwierigkeiten bereitete. Das heißt die Einbettung erfolgte in würfelförmige Kartonschächtelchen so, daß die Schnittfläche durch den Hals horizontal eingestellt und nach oben gerichtet wurde. Nach dem Erkalten wurde dann der den Kopf enthaltende Paraffinblock möglichst genau würfelförmig so zugeschnitten, daß je eine von den aufeinander senkrecht stehenden Schnittflächen

---

median durchschnittener Köpfe mit Bildern von Medianschnitten durch in Formol oder in anderer Weise konservierten, frisch dem Schädel entnommenen Gehirnen entstanden sein und können deshalb keineswegs als ganz naturgetreu bezeichnet werden, ganz abgesehen davon, daß an ihnen die topographischen Beziehungen des Balkenwulstes zur V. cerebralis magna und zum Tentorium nie zu sehen sind. Dabei ist es den meisten Herstellern solcher Bilder entgangen, daß bereits Axel Key und G. Retzius (1875) auf Tafel 3 in Fig. 8 ein vorzügliches Bild dieser topographischen Beziehungen gebracht haben, das den Medianschnitt durch diese Gegend eines Gehirns zeigt, das offenbar mit der Sichel und dem Tentorium dem Schädel entnommen, fixiert und dann erst durchschnitten worden war. Ebenso war es ihnen nicht aufgefallen, daß dieselben Autoren auf Tafel 7 in Fig. 1 einen sehr guten Medianschnitt durch ein Gehirn im Schädel abgebildet haben, an dem die Hirnkammern, die Zisternen sowie ein großer Teil der anderen Subarachnoidealräume mit blauer Leimmasse gefüllt worden waren.

[1] Man kann sich davon leicht überzeugen, wenn man meine Abb. 1 mit dem vergleicht, was die Tafeln 1 A und 2 A von W. Braune (1868) wiedergeben, die annähernd mediane Gefrierschnitte durch die oberen Körperhälften zweier Erwachsener zeigen. An dem auf Tafel 1 A wiedergegebenen Präparate liegt nämlich das Chiasma fasc. opt. dem sogenannten Sulcus fasc. opt. unmittelbar an und das Corpus mamillare dem Scheitelrande des abnorm verdickten Dorsum sellae auf, während wieder an dem Präparate der Tafel 2 A das Chiasma f. o. dem Rande des Dorsum sellae aufliegt. An beiden Präparaten erscheinen außerdem die Tonsillen des Kleinhirns etwas durch das Foramen occipitale magnum aus dem Schädel herausgedrängt.

[2] Die Medianschnitte durch Köpfe menschlicher Keimlinge von 8, 9 und 15 cm Länge, die Retzius (1896) veröffentlicht hat und die von Dabelow (1931) in seinen Abb. 1—3 wiedergegeben wurden, betreffen Objekte, die als ganz schlecht erhaltene bezeichnet werden müssen. Dies beweisen die zahlreichen postmortal entstandenen (sogenannten transitorischen) Furchen, die an der Oberfläche der Großhirnhemisphären der abgebildeten Objekte sichtbar sind. Sie sind also völlig ungeeignet dazu, als Beweismittel für bestimmte Zwecke verwendet zu werden. Jedenfalls ganz schlecht ist aber auch die Abb. 7 Dabelows (1931) besonders mit Rücksicht auf die Verhältnisse des Rautenhirns und des Tentoriums, bei deren Wiedergabe der Autor sicher kein Präparat vor sich hatte, an dem das zu sehen war, was seine Abb. 7 zeigt.

die Stirne, den Scheitel und das Hinterhaupt tangierte, während die vierte mit der Schnittfläche durch den Hals zusammenfiel. Zwei weitere Schnittflächen wurden senkrecht zu diesen vieren so angebracht, daß die eine das äußere Ohr tangierte, während die andere ihr parallel in einiger Entfernung von der Ohrgegend lag. Die letztere wurde dann dazu benützt, um den Paraffinblock auf einen als Handhabe und zur Fixierung des Blockes dienenden Stabilitklotz aufzuschmelzen. Hierauf wurden entsprechend der Medianebene an den die Stirn, Scheitel und Hinterhauptgegend tangierenden Schnittflächen punktförmige Marken angebracht, die untereinander und mit der eingeritzten Medianlinie des Halsdurchschnittes, durch mit einer Präpariernadel eingeritzte, senkrecht aufeinander stehende gerade Linien verbunden wurden. Nunmehr wurde parallel zu diesen die Medianebene bezeichnenden Linien in ein bis zwei Millimeter Entfernung von ihnen der Paraffinblock vorsichtig mit einer Laubsäge, in die ein breites, feinzähniges Sägeblatt eingespannt war, durchsägt. Der auf diese Weise verkleinerte Paraffinblock wurde hierauf mittels des an ihn angeschmolzenen Stabilitklotzes in ein entsprechendes Mikrotom eingespannt und mit Hilfe desselben von der Sägefläche her ganz allmählich bis unmittelbar an die Medianebene heran geschnitten. Dabei wurden die einzelnen abfallenden Schnitte bei Lupenvergrößerung sorgfältig kontrolliert, um, wenn sich dabei herausstellte, daß die Einstellung des Blockes keine ganz entsprechende sei, dieselbe noch etwas abzuändern. War ich beim Schneiden genügend nahe an die Medianebene herangekommen, dann wurde der Stabilitklotz entfernt, das Paraffin des Blockes an der Oberfläche des Präparates, so gut dies ohne Beschädigung des letzteren möglich war, mit einem scharfen Messer entfernt und das so zugerichtete Objekt in ein Paraffinlösungsmittel übertragen, welches auf Körpertemperatur erwärmt war. In größeren zeitlichen Intervallen wurde hierauf das Paraffinlösungsmittel so lange erneuert, bis keine Spuren von Paraffin in ihm mehr nachzuweisen waren. Schließlich erfolgte dann über absoluten Alkohol die Übertragung des Präparates in 95%igen Alkohol. Nachdem es dann noch chromiert worden war,[1] konnte an die Herstellung eines Lichtbildes gegangen werden. Auf diese Weise erhielt ich im Laufe der Jahre 46 mehr oder weniger gute, zum Teil auch ganz vorzügliche Bilder von Medianschnitten. Aus diesen wurden die besten ausgewählt, um sie den Lesern der vorliegenden Abhandlung in den Abb. 4—20 auf Tafeln 4—8 vor Augen zu führen.

Ich beginne nun vorerst mit der Schilderung dessen, was ich an den Medianschnitten durch die Gehirne im Schädel zweier erwachsener Individuen feststellen konnte, und lasse dieser Schilderung die der Medianschnitte durch die Gehirne im Schädel zweier Kinder folgen, von denen das eine ein Alter von etwa 3 bis 4 Wochen erreicht hatte, während es sich bei dem anderen um ein normal ausgetragenes, während der Geburt ersticktes Kind handelte, dessen Kopf die für eine Kopfgeburt typische Formung zeigte.

Der Medianschnitt durch das Gehirn im Schädel einer erwachsenen Frau von etwa 50 Jahren.
(Abb. 1.)

Das Lichtbild des Präparates, das im nachfolgenden beschrieben wird, ist in Abb. 1 auf Tafel 1 wiedergegeben. An demselben war, da es als Vorlesungspräparat zu dienen hatte und auch die Verhältnisse der einzelnen Abschnitte des Kopfdarmes zeigen sollte, die ursprünglich erhaltene Nasenscheidewand mittels einer Kneipzange vollständig entfernt worden. Die Großhirnsichel erscheint in ihrer ganzen Ausdehnung unverletzt erhalten. Ihr Rand ist in ihrem Anfangsteil über der Lamina cribriformis scharf ausgeprägt, wird aber scheitelwärts besonders in der Höhe des Balkenknies, dort, wo derselbe die beiden Äste überkreuzt, in welche sich die A. cerebralis anterior teilt, undeutlich, weil hier die Sichel, die zahlreiche kleine Fenster aufweist, sehr dünn ist. Doch läßt sich der Rand der letzteren am Präparate auch an dieser Stelle und weiter okzipital scheitelwärts vom Balken gut verfolgen. Ihr Rand

---
[1] Darüber, wie die Chromierung erfolgt, habe ich 1943 genauere Angaben gemacht.

wird nämlich hier wieder ganz kräftig und schließlich am kräftigsten dort, wo er an der dem Scheitel zugewendeten Fläche des Balkenwulstes, dieser eng angelagert, das frontale Ende des Tentoriums erreicht. Dabei hört die Fensterung der Randpartie allmählich auf und ist in der Nähe des Balkenwulstes völlig geschwunden, während noch über dem mittleren Teile des Balkens zahlreiche kleinere Lücken in der Falx nachzuweisen sind. Nur durch einen ganz schmalen Zwischenraum von kaum 1 mm Breite vom Rande der Sichel getrennt, übergeht die Spinnwebenhaut von der medialen Fläche der einen Hemisphäre auf die gleiche Fläche der anderen, so daß also, wie bekannt, zwischen dem Rande der Falx und der Wand der Cisterna corporis callosi die Subduralräume der beiden Seiten miteinander zusammenhängen.

Aus dem Gesagten geht hervor, daß der Rand der Sichel und das frontale Ende des Tentoriums über der dem Schädeldache zugewendeten Fläche des Balkenwulstes zusammentreffen, was zur Folge hat, daß der letztere in Berührung mit dem medianen spitzwinkeligen Zwickel der zerebellaren Fläche der Tentoriumsplatte steht, der dadurch zustande kommt, daß die beiden die Begrenzung der Incisura Tentorii bildenden Ränder des Zeltes, unter einem spitzen Winkel zusammentreffend, in den Falxrand übergehen. Im Bereiche dieses spitzen Winkels mündet auch die V. cerebralis magna in den Sinus rectus. Diese topographischen Beziehungen sind von Wichtigkeit, denn sie besagen, daß der Balkenwulst noch clivuswärts von dem Punkte des Zusammentreffens von Sichelrand und frontalem Ende des Tentoriums liegt und daß sich infolgedessen die V. cerebralis magna, um in den Sinus rectus einmünden zu können, da ihr Beginn basial vom Balkenwulste gelegen ist, um den letzteren, ihm eng angelagert, herumschlingen muß. Ihre Mündung in den Sinus rectus aber erfolgt, wie die Abbildung zeigt, unter einem spitzen Winkel. Es ragt also hier kaudal von dieser Mündung der Balkenwulst noch ein wenig in die Unterabteilung des Cavum cranii hinein vor, die durch das Tentorium unvollständig von dem übrigen Cavum abgegrenzt ist. Aber auch die Vierhügelplatte und die Zirbel gehören wenigstens zum größten Teil zum Inhalte des im übrigen das ganze Rautenhirn beherbergenden Raumes.

Man kann sich von dieser Tatsache leicht dadurch überzeugen, daß man an der Abb. 1 den frontalen Rand der Mündungsöffnung der V. cerebralis magna durch eine gerade Linie mit dem Rande des Dorsum sellae verbindet. Diese Linie durchschneidet den Grund des Recessus pinealis sowie die Commissura caudalis und bezeichnet in der Medianebene die Lage der Öffnung, welche die zum Teil paarige Pars major, der von der harten Hirnhaut ausgekleideten Höhle des Hirnschädels, die man auch als Cavum durae matris bezeichnen kann, mit der unpaaren Pars minor der letzteren verbindet. Die Begrenzung dieser Öffnung bildet im Bereiche der Incisura tentorii der freie Rand des Tentoriums und in dessen basialer Fortsetzung die beiden von mir so genannten Limbi spheno petrosi mediales[1] sowie der diese beiden Limbi miteinander verbindende Rand des Dorsum sellae. Schwalbe nannte diese Öffnung (1881) Foramen occipitale superius. Neuerdings hat Siegelbauer in seinem Lehrbuch für die gleiche Öffnung den Namen Hiatus tentorii eingeführt. Ich halte beide Namen nicht für gut. Schwalbes Namen deshalb nicht, weil die Öffnung in keinerlei direkter Beziehung zum Hinterhauptsbein steht, und Siegelbauers Bezeichnung nicht, weil die Öffnung nicht im Tentorium liegt, also keine Öffnung des Tentoriums ist. Da jedoch die Öffnung schon mit Rücksicht auf die Bedürfnisse der topographischen Anatomie bezeichnet werden sollte, schlage ich vor, sie bezugnehmend auf ihre Begrenzung „Hiatus spheno tentorialis" zu nennen. Der median sagittale Durchmesser dieser nicht in einer Ebene liegenden Öffnung hat eine Länge von ungefähr 5 cm, während ihr größter Breitendurchmesser etwa 3·5 cm beträgt.

Schon 1875 haben Axel Key und G. Retzius (in Fig. 8 auf Tafel 3) ein ganz vorzügliches Bild eines Medianschnittes durch den okzipitalen Abschnitt des Balkens und aller in seiner näheren Nachbarschaft gelegenen Teile gebracht, aus dem bereits die oben beschriebenen Lagebeziehungen der V. cerebralis magna zum Splenium corporis callosi sowie ihre nahe

---

[1] Früher Plicae petroclinoideae mediales genannt.

nachbarliche Beziehung zum Culmen monticuli cerebelli, wie dieselbe auch meine Abb. 1 auf das klarste zeigt, gut entnommen werden können. Auch mit Rücksicht auf das Lageverhältnis von Zirbeldrüse und Vierhügelplatte zum okzipitalen Abschnitt des Balkens stimmt die Fig. 8 von A. Key und G. Retzius fast völlig mit meiner Abb. 1 überein.[1]

Ich darf hier nicht verabsäumen, auf die Lage des Tentoriumfirstes hinzuweisen, die an der Abb. 1 durch den Verlauf des Sinus rectus gekennzeichnet ist. Bei oberflächlicher Betrachtung scheint dieser First fast parallel zur Clivusebene[2] eingestellt zu sein. Verlängert man jedoch die Achse des Sinus rectus schädeldachwärts und über das Schädeldach hinaus und tut man ein Gleiches mit der Clivusebene, dann sieht man, daß sich die beiden schließlich unter einem spitzen Winkel treffen, der in dem Falle der Abb. 1 14° beträgt.

Wenn ich nun zur Beschreibung der Lageverhältnisse der basialen, dem Schädelgrunde zunächst gelegenen Hirnteile übergehe, so muß ich bemerken, daß die Lage dieser Teile infolge einer leichten Schrumpfung des Gehirns etwas verändert ist. Der Grad dieser Veränderung ist einerseits aus dem Abstande zu ermessen, der zwischen der Durchschnittslinie der Arachnoides der basialen Fläche des Stirnlappens der Hemisphäre und dem Duraüberzug des Schädelgrundes im Bereich des Planum sphenoideum besteht, und anderseits aus dem wesentlich größeren Zwischenraum, der zwischen der Durabekleidung der Membrana atlanto occipitalis dorsalis und der die dorsale Wand der Cisterna cerebello medularis bildenden Arachnoides sichtbar ist. Die genannten Abstände ergeben, wie stark sich die basiale Fläche des Stirnhirns vom Schädelgrunde und die Tonsillen des Kleinhirns von der Ebene des Foramen occipitale magnum entfernt haben. Jedenfalls sind also die Entfernungen der basialen Hirnteile vom Schädelgrunde in Wirklichkeit wesentlich geringer, als dieselben an meiner Abb. 1 aufscheinen.

Zunächst will ich nun auf die Lage des Chiasma fasciculorum opticorum hinweisen. Die basiale Kontur seines Durchschnittes steht scheitelwärts über dem frontalen Umfange des Hirnanhanges und ist ungefähr 4·5 mm vom Grunde des Sulcus fasciculi optici entfernt. Dieser Sulcus führte früher den Namen Sulcus chiasmatis. Beide Namen, der alte der B. N. und der neue der S. N. sind jedoch völlig unzweckmäßig. Sie erwecken nämlich die falsche Vorstellung, daß die so bezeichnete Furche in irgendeiner näheren topischen Beziehung zu den Fasciculi opt. oder zu dem Chiasma f. o. steht oder daß dieselbe gar unter dem Einflusse dieser Fasciculi oder ihres Chiasma entstanden sein könnte. Dem aber ist nicht so. Denn eine unmittelbare nachbarliche Beziehung zwischen dem Duraüberzuge des Knochens im Bereiche des Sulcus und den Fasciculi oder ihrem Chiasma, der nur gelegentlich an Frostdurchschnitten beobachtet wurde, besteht in Wirklichkeit nicht. Auch schließt sich ja, wovon man sich durch Präparation leicht überzeugen kann, der Duraüberzug des Schädelgrundes der Oberfläche der Fasciculi optici erst an der Stelle inniger an, an welcher dieselben in den Canalis fasciculi optici eintreten. Aber auch davon, daß die Entstehung des sogenannten Sulcus f. o. durch diese Stränge oder ihr Chiasma hervorgerufen sein könnte, kann, wie aus dem Nachfolgenden hervorgehen wird, keine Rede sein. Der Sulcus entsteht vielmehr völlig unabhängig von diesen Fasciculi. Ich schlage deshalb vor, die Bezeichnung Sulcus f. o. zu beseitigen und dieselbe mit Rücksicht auf den queren Verlauf der Furche durch die Bezeichnung Sulcus transversus corporis ossis sphenoidis zu ersetzen.

Der Querschnitt der A. communicans anterior liegt genau scheitelwärts in einiger Entfernung von dieser Furche, deren Durchschnitt ebenso wie der des Limbus sphenoideus an

---

[1] Merkwürdigerweise erwähnt Merkel (1885—1890), der sich ja mehrfach auf die Angaben der beiden Autoren bezieht und dessen Fig. 38 auf S. 78, wie er selbst angibt, nach der Fig. 1 auf Tafel 7 dieser Autoren angefertigt ist, nichts von diesen topographischen Beziehungen. Er schreibt vielmehr über den Verlauf der V. cerebralis magna, daß sie „in einem nach oben konvexen, oft sehr steilen Bogen in den Sinus tentori einmündet". Dann heißt es weiter, was ebenfalls unrichtig ist: „Ihr Bogen befindet sich oberhalb der Zirbeldrüse." Über ihre so innige nachbarliche Beziehung zum Balkenwulst aber gibt Merkel nichts an.

[2] Clivusebene nenne ich die Ebene, welche durch den als Basion bezeichneten Punkt des Hinterhauptsbeines und den Rand des Dorsum sellae gelegt wird.

dem Präparat der Abb. 1 kaum angedeutet ist. Sehr gut zeigt unser Bild die schiefe Einstellung des Hirntrichters und seine Beziehung zum Diaphragma sellae sowie den Durchschnitt der Arachnoides, welch letzteren man bis genau an die Stelle heran verfolgen kann, an welcher der Processus infundibuli das Diaphragma sellae zu durchbohren scheint, um sich in die Neurohypophyse fortzusetzen. An dieser Stelle verbindet sich die Arachnoides mit der Dura mater.

An in situ gut fixierten Gehirnen, wie an dem der Abb. 1, ist die der Brücke zugewendete Wand des Trichters in der Regel ganz gestreckt, also brückenwärts nicht vorgewölbt.[1] Nur an erst nach der Entnahme aus dem Schädel in Formol oder irgendeiner anderen Flüssigkeit fixierten Gehirnen ist gewöhnlich eine leichte, durchaus nicht immer gleich aussehende[2] Vorwölbung der okzipitalen Trichterwand wahrzunehmen, die auch an den meisten Abbildungen von Basialansichten solcher Gehirne wiedergegeben ist. Diese Vorwölbung wird jetzt gewöhnlich als Tuber cinereum bezeichnet. Ursprünglich aber wurde unter diesem Namen der ganze an der basialen Fläche des Gehirns zwischen den Tractus optici und den Corpora mamillaria sichtbare graue Bodenteil der Wand der 3. Hirnkammer samt dem Infundibulum verstanden und der Trichter als Fortsatz des Tuber cinereum bezeichnet. So beschreibt z. B. G. Schwalbe dasselbe auf S. 449 seines Lehrbuches der Neurologie folgendermaßen: „Vor den Corpora candicantia findet sich zwischen ihnen und den zum Chiasma zusammentretenden Tractus optici ein zweites Dreieck aus grauer Substanz gebildet, eine sanfte Anschwellung der Hirnbasis darstellend. Es ist dies das sogenannte Tuber cinereum, welches vor allem durch einen in die Höhlung der Sella turcica hineingerichteten hohlen Fortsatz das Infundibulum (Trichter) ausgezeichnet ist.[3] Nun ladet, wie meine Abb. 1 auf das klarste zeigt, die ganze graue Bodenplatte der 3. Hirnkammer zwischen Chiasma f. o. und Corpora mamillaria trichterförmig aus, und an keiner Stelle ist irgend etwas vorhanden, was wie ein Höcker aussieht, also den Namen Tuber verdienen würde. Ich habe deshalb auch in meinen Vorlesungen stets die ganze trichterförmige Ausladung des Zwischenhirnbodens zwischen Chiasma f. o. und Corpora mamillaria, wie sie an gut in situ fixierten Gehirnen zu sehen ist, als Trichter (Infundibulum) und deren solide Fortsetzung in die Neurohypophyse als Trichterfortsatz (Processus infundibuli) bezeichnet und schlage nun aus den angegebenen Gründen vor, den überflüssigen, unverständlichen bzw. irreführenden Namen Tuber cinereum ganz zu streichen. Natürlich müßte dann auch sinngemäß der Ausdruck Pars tuberalis Hypophyseos durch den von mir (1929) eingeführten Namen „Pars infundibularis" oder mit Rücksicht auf die neue Nomenklatur durch die Bezeichnung „Processus infundibularis partis principalis Lobi glandularis Hypophyseos" ersetzt werden.

Bezüglich des an der Abb. 1 sichtbaren Durchschnittes durch den Hirnanhang will ich bemerken, daß derselbe nicht die Mitte des Organs getroffen hat, sondern etwas seitlich von der Mitte geführt ist. Dies hat zur Foge, daß man vom Lobus nervosus der Hypophyse

---

[1] Schon J. Henle hat, was ich hier hervorheben möchte, in seinem Handbuche auf S. 94 der Nervenlehre in Fig. 35 das Bild eines Medianschnittes durch das Gehirn gebracht, an dem das Infundibulum genau das gleiche Verhalten zeigt, wie an dem Präparat meiner Abb. 1. Doch nimmt er bei der Schilderung der grauen Bodenkommissur der 3. Hirnkammer keine Rücksicht auf das, was an seiner Abbildung zu sehen ist.

[2] Man kann sich davon am besten überzeugen, wenn man die zahlreichen von G. Retzius (1896) in seinem Hirnwerke gebrachten Abbildungen der Trichtergegend betrachtet, von denen sich keine einzige auf ein gut in situ fixiertes Gehirn bezieht. An jeder von diesen Abbildungen zeigt die Trichtergegend ein anderes Aussehen.

[3] Ganz neuerdings (1940) definiert E. Ludwig in der Neuauflage des bekannten Villigerschen Buches das Tuber cinereum folgendermaßen: „Hinter dem Chiasma fasciculorum opticorum, lateral von den Tractus optici und den Crura cerebri begrenzt, liegt das Tuber cinereum. Dieser graue Höcker ist eine ziemlich dünnwandige Blase, die den Boden der dritten Hirnkammer mitbilden hilft. Etwa in der Mitte des Tuber cinereum sitzt das Infundibulum (Trichter) auf." Die Fig. 126 auf S. 152, die einen Medianschnitt durch den Boden der 3. Hirnkammer darstellt, zeigt nichts von einer dünnwandigen Blase oder einem „Höcker", sondern lediglich das Infundibulum, dessen frontale Wand am Chiasma, dessen okzipitale, etwas kammerwärts eingeknickte Wand an den Corpora mamillaria endigt.

nur einen ganz schmalen, dem Lobus glandularis sattellehnenwärts dicht anliegenden Streifen getroffen sieht.

Das Corpus mamillare liegt 8·5 mm scheitelwärts von einer den Rand des Dorsum sellae tangierenden Horizontalebene und 6·25 mm okzipital von der Frontalebene, die den gleichen Rand durchschneidet. Der etwa 2 mm okzipital von dem Corpus mamillare gelegene Recessus rostralis Fossae intercruralis, der sozusagen den Scheitelpunkt dieser Grube bildet, überragt das Corpus mamillare um etwas mehr als 2 mm.

Bei der Bestimmung der Lage der Brücke und des verlängerten Markes handelt es sich vor allem um die Feststellung der Lagebeziehung dieser Teile zum Clivus. Denn ihre Lage ist ja von der Einstellung des letzteren bzw. von der der Clivusebene abhängig, die eine individuell verschiedene ist und ihren Ausdruck in dem Clivuswinkel findet. Als Clivuswinkel bezeichnen die Anthropologen den Winkel, den die Clivusebene mit der deutschen Horizontalen einschließt. Er wird von ihnen am mazerierten Schädel gemessen. An Median- oder Paramedianschnitten durch ganze Köpfe ist jedoch die Lage der deutschen Horizontalen mit Sicherheit nicht zu bestimmen. Ich bestimme deshalb die Neigung der Clivusebene zu einer Linie, die den von den Anthropologen als Nasion bezeichneten Punkt mit dem Rande des Dorsum sellae verbindet, und bezeichne den Winkel, den diese beiden miteinander einschließen und der sich auch an Medianschnitten durch Keimlingsköpfe gut bestimmen läßt, als Clivuswinkel. Dieser Winkel beträgt an dem Medianschnitt der Abb. 1 123°.

Die den Rand des Dorsum sellae berührende, senkrecht auf die Clivusebene errichtete Ebene, die ich Dorsumrandebene nenne, schließt an dem Präparat der Abb. 1 mit dem medianen Durchmesser des Hiatus spheno tentorialis einen spitzen Winkel von 12° ein. Diese Ebene liegt in der nächsten Nähe über dem Scheitelende der Brücke, durchschneidet das Mittelhirn unmittelbar kaudal von der Zirbeldrüse und tangiert schließlich das okzipitale Ende des Balkenwulstes. Der mediane spitzwinkelige Raum, der sich im Bereiche dieses Endes, zwischen der dasselbe umfassenden V. cerebralis magna und der Wand des Sinus rectus sowie der Oberfläche des Kleinhirnwurmes befindet, ist von einem Lager leptomeningealen Gewebes ausgefüllt. Dieses Gewebslager aber steht wieder mit einem ähnlichen Lager in Verbindung, das frontal in die Tela chorioidea prosencephali übergeht und das den benachbarten Zwischenraum zwischen Kleinhirnwurm, Balkenwulst, Zirbel und Vierhügelplatte ausfüllt.

Zum Schlusse will ich nun noch auf die eigenartige Form des Balkendurchschnittes aufmerksam machen, die derjenigen, wie man sie gewöhnlich abgebildet sieht, keineswegs ähnelt. Die dem Scheitel zugewendete Kontur des Balkendurchschnittes erhebt sich nämlich etwas frontal von der Balkenmitte scheitelwärts, um dann spleniumwärts schief abzufallen, wobei im Bereiche dieses Abfalles der Durchmesser der Balkenplatte etwas geringer ist als weiter frontal. Gewöhnlich wird jedoch der Balkendurchschnitt in der Weise abgebildet, daß er allenthalben gleich dick erscheint und eine scheitelwärts gerichtete gleichmäßige Wölbung zeigt. Nur in den Tafeln von Retzius habe ich eine Anzahl von Balkendurchschnitten abgebildet gefunden, die denen des Balkens meiner Abb. 1 ähnlich sind.

Der Medianschnitt durch das Gehirn im Schädel eines erwachsenen Mannes.

Es handelt sich bei diesem Objekt um einen Kopf mit etwas zurücktretender Stirne der in allen seinen Ausmaßen etwas kleiner ist als der Kopf, auf welchen sich die Abb. 1 bezieht. Damit im Zusammenhange steht auch, daß sein Gehirn sowie alle einzelnen Teile desselben weniger umfangreich sind als die des im vorausgehenden beschriebenen Präparates. Während nämlich bei dem letzteren der stirnwärts am stärksten vorspringende Punkt des Balkenknies in einer Frontalebene liegt, die sich ziemlich weit frontal von der Frontalebene des Limbus sphenoideus befindet, ist der Zwischenraum zwischen diesen beiden Ebenen bei dem männlichen Objekt ein wesentlich geringerer. Es liegt also das Balkenknie bei dem männlichen Objekt weiter okzipital wie bei dem weiblichen. Und zwar beträgt die Entfernung des Balkenknies von dem Frontalpol der Hemisphäre bei dem letzteren 35 mm, während die gleiche Entfernung bei dem männlichen Objekt 40 mm ausmacht. Da sein Infundibulum zwar ganz ähnliche Formverhältnisse darbietet wie das der Abb. 1, dabei aber schiefer eingestellt ist als das letztere und auch der Durchschnitt durch das Chiasma fasc. opt. etwas okzipital von der Frontalebene liegt, welche den frontalen Umfang des Hypophysendurchschnittes tangiert, hatte ich zunächst den Eindruck, als wäre der Balken mit allen basal von ihm gelegenen Hirnteilen bei dem männlichen Objekt etwas stärker in okzipitaler Richtung verschoben als bei dem weiblichen. Bei genauerer Untersuchung stellte sich jedoch heraus, daß dieser Eindruck ein irriger war.

Es zeigte sich nämlich, daß der okzipital am stärksten vorspringende Punkt des Balkenwulstes bei beiden Objekten an nahezu ganz der gleichen Stelle liegt. Das heißt dieser Punkt ist bei beiden 46 mm von der Frontalebene des Randes des Dorsum sellae entfernt und auch bei beiden tangiert die Dorsumrandebene das Splenium. Darnach müßte also der Balken des männlichen Objektes wesentlich kürzer sein als der des weiblichen. In der Tat ergab dann auch die Messung, daß der Balken des weiblichen Objektes mit 68·7 mm Länge um 8·7 mm länger war als der des männlichen. Von diesen Längen entfallen auf die Entfernung zwischen dem frontalsten Punkte des Balkenknies und der den okzipitalen Umfang der Commissura rostralis tangierenden Frontalebene bei dem ♂ 23·7 mm, bei dem ♀ 28·7 mm. Es ist also bei dem ♂-Individuum der frontale Abschnitt des Balkens wesentlich kürzer als bei dem ♀. Aber auch der okzipital von der Commissura rostralis gelegene Abschnitt ist bei dem ♂ um 3·3 mm kürzer als bei dem ♀. Da nun bei dem ♂ die Entfernung zwischen dem Splenium und der dem Hinterhauptsbein anliegenden Wand des Sinus transversus um ungefähr die gleiche Distanz größer ist wie beim ♀ und bei dem ersteren die Entfernung zwischen dem Splenium corporis callosi und dem Kleinhirn 8·7 mm beträgt, also wesentlich größer ist als bei dem ♀ (vgl. Abb. 1) und außerdem die V. cerebralis magna sich nicht wie bei dem ♀ um das Splenium herumschlingt, sondern okzipital von dem letzteren unter einem rechten Winkel in den Sinus transversus einmündet, handelt es sich also in dem vorliegenden Falle wohl um einen solchen von unvollständiger Entwicklung des Balkens. Das heißt, es handelt sich um einen Balken, der nicht nur im ganzen etwas kürzer ist als gewöhnlich, sondern dessen Splenium sich auch nicht so weit in okzipitaler Richtung zurückgeschoben hat, wie unter normalen Verhältnissen. Dabei zeigt aber der Balkendurchschnitt doch einen ähnlichen Umriß wie der des ♀-Individuums (vgl. Abb. 1). Nur sein Splenium ist weniger gewulstet und springt basial weniger stark vor wie bei dem ♀-Objekt. Er ähnelt in dieser Beziehung dem Balkenwulst des in Abb. 3 wiedergegebenen kindlichen Objektes.

Die Neigung der Clivusebene ist bei dem ♂-Objekt etwas stärker wie bei dem ♀. Der Clivuswinkel beträgt nämlich 115°. Auffallend ist, daß der Scheitelrand der Brücke 3·7 mm kaudal von der Dorsumrandebene liegt und daß diese Ebene noch den kaudal am stärksten vorspringenden Teil des Corpus mamillare, die Mündung des Aquaeductus mesencephali sowie die Commissura caudalis und die Zirbel durchschneidet. Es liegt also fast das ganze Mittelhirn kaudal von dieser Ebene. Das Tentorium des ♂-Objektes ist in der Medianebene jedenfalls erheblich schmäler als bei dem Objekt der Abb. 1. Auffallend ist auch, wie weit kaudal bei dem ♂-Objekt das Culmen monticuli cerebelli steht, ein Tiefstand, der seinen Ausdruck auch in der oben schon hervorgehobenen bedeutenden Entfernung vom Balkenwulste findet.

Der Medianschnitt durch das Gehirn im Schädel eines wenige Wochen alten Kindes. (Abb. 2.)

An der Abbildung dieses Schnittes fällt dem gegenüber, was die Abb. 1 zeigt, auf, daß die Sichel, deren Rand besonders gut verfolgt werden kann, weil auch ihre Randpartien ziemlich derb gewebt sind, ein verhältnismäßig ausgedehntes Areal der medialen Hemisphärenfläche unbedeckt läßt. Ihr Rand steht also auch in der Scheitelgegend von der Oberfläche des Balkens ziemlich weit ab und berührt selbst im Gebiete des Balkenwulstes diese Fläche nicht. Es handelt sich dabei nach allem, was ich in dieser Beziehung gesehen habe, lediglich um eine individuelle Eigentümlichkeit.

Bei der Herstellung des Präparates war die eine Wand des Sinus sagittalis inferior entfernt worden, so daß man deutlich sehen kann, wie sich dieser Sinus geradlinig in den Sinus rectus fortsetzt. In den Beginn des letzteren mündet unmittelbar okzipital vom Balkenwulst die mächtig erweiterte V. cerebralis magna unter einem rechten Winkel ein.

Auffallend ist die gestreckte Form und die relativ bedeutende Länge des Hirnbalkens. Sie beträgt bei einer Hemisphärenlänge von 117 mm 45 mm, das sind also 2·6 der Hemisphärenlänge, während die entsprechende Länge bei der erwachsenen Frau (vgl. Abb. 1) bei einer Hemisphärenlänge von 160 mm nur 72·5 mm, also 2·21 der Hemisphärenlänge ausmacht. An der scheitelwärts gerichteten Fläche des Balkens erkennt man ziemlich genau an der Stelle, an welcher an Abb. 1 der Balken scheitelwärts vorgewölbt erscheint, auch eine unscheinbare Ausladung dieser Fläche, die aber ihre Entstehung wohl nur dem Umstande verdankt, daß sich die Balkenplatte von der Stelle an ziemlich rasch verdünnt, um erst in der Nähe des Spleniums wieder ziemlich rasch an Dicke zuzunehmen. Bemerkenswert ist ferner die relativ große Entfernung des Balkens vom Schädelgrund. Mißt man nämlich die Entfernung zwischen dem stirnwärts am stärksten vorragenden Punkte des Balkenknies und dem Planum sphenoideum, so beträgt diese Entfernung 25 mm, während die gleiche Entfernung an dem Präparat der erwachsenen Frau nur 31 mm ausmacht. Dabei befindet sich der am weitesten okzipital gelegene Punkt des Spleniums 25 mm frontal von der Dorsumsellae-Randebene. Und ein gleiches gilt auch für die Commissura caudalis und die Zirbel. Denn diese Ebene durchschneidet die Vierhügelplatte an der Grenze zwischen vorderem und hinterem Hügelpaar. Auch die Entfernung der Commissura rostralis vom Schädelgrunde ist eine beträchtliche und das gleiche gilt auch für die Entfernung des Chiasma fasc. opt. vom Sulcus transversus corporis ossis sphenoidis (fasc. opt. I. N.). Dieselbe ist annähernd gleich groß wie bei der erwachsenen Frau (vgl. Abb. 1).

Auffallend ist ferner, wie sich der Hirnanhang kegelförmig gegen den Trichter zu zu erheben scheint. Diese Erscheinung ist wohl auf den Umstand zurückzuführen, daß der Hirnanhang ziemlich weit seitlich von der Mitte durchschnitten wurde, was zur Folge hatte, daß der größte Teil der Neurohypophyse und der ganze Processus infundibuli verlorenging. Nur eine linke Ausladung des kolbig verdickten Endes der Neurohypophyse blieb erhalten. Das aber, was als emporgezogener Fortsatz der Adenohypophyse erscheint, ist nichts anderes als ihr Processus infundibularis, der auch die seitliche Wand des sich verjüngenden Teiles des Trichters bedeckt. Was die eigentümliche Einbiegung der okzipitalen Wand des Trichters bedeutet, die an Abb. 2 zu sehen ist, vermag ich nicht zu sagen, halte aber dafür, daß es sich bei derselben keineswegs um eine schon in vivo bestandene Bildung handelt.

Die Neigung der Clivusebene dieses Kindes ist geringer als die der erwachsenen Frau, denn sein Clivuswinkel beträgt 125°. Das Scheitelende der Brücke liegt etwa 2 mm kaudal von der Dorsumrandebene. Das Kleinhirn füllt den für dasselbe bestimmten Raum kaudal von dem Tentorium noch lange nicht völlig aus und sein Culmen monticuli vermis ist noch weit vom Splenium corporis callosi entfernt. Es besteht also auch noch keinerlei nachbarliche Beziehung zwischen ihm und der Wand der V. cerebralis magna. Clivusebene und Achse des Sinus rectus sind unter einem Winkel von 13° gegeneinander geneigt.

Der Medianschnitt durch das Gehirn im Schädel eines reifen totgeborenen Kindes. (Abb. 3.)

Das in Abb. 3 wiedergegebene Lichtbild des Präparates ist deshalb von besonderem Interesse, weil es auf das deutlichste gewisse Formveränderungen erkennen läßt, die das Gehirn im Falle einer Schädellage während der Geburt erleidet. Vor allem ist es die auffallende Abflachung der Stirne, die eine Umformung und Verschiebung des Stirnteiles der Hemisphäre bedingt, die zunächst darin deutlich zum Ausdruck kommt, daß der frontal am stärksten vorspringende Punkt des Balkenknies im Vergleiche zu dem gleichen Punkte des Gehirns der Abb. 2 ziemlich stark okzipital verlagert erscheint. Denn es liegt dieser Punkt an der Abb. 3 ungefähr in der Frontalebene des Limbus sphenoideus, während sich derselbe Punkt der Abb. 2 etwa 6 mm frontal von dieser Ebene befindet. Diese Verschiebung des Stirnteiles der Hemisphäre hat weiter zur Folge, daß auch die Commissura rostralis okzipital verlagert und der Durchschnitt der Lamina terminalis cinerea, der an dem Präparat der Abb. 2 fast vertikal steht, ebenso wie der Hirntrichter ganz schief eingestellt ist. Dabei liegt das Chiasma fasc. opt. über der Stelle, an welcher das Infundibulum mit dem Hirnanhange zusammenhängt. Für den letzteren gilt dasselbe, was über den Hirnanhang des wenige Wochen alten Kindes gesagt wurde. Er ist nicht median, sondern seitlich durchschnitten und infolgedessen ist von seinem Lobus nervosus nur eine kleine seitliche Ausladung getroffen.

Die Brücke überragt die Dorsumrandebene um ein ganz geringes. Dabei liegt die Zirbel und die Commissura rostralis ungefähr ebenso weit über dieser Ebene, wie an dem Objekt der Abb. 2. Der Clivuswinkel beträgt 129°, ist also wesentlich größer als bei dem wenige Wochen alten Kinde und den beiden Erwachsenen. Daß in dem Falle des totgeborenen Kindes diese Größe des Clivuswinkels mit der Umformung, die der Schädel durch den Geburtsmechanismus erlitten hatte, zusammenhängen könnte, halte ich nicht für wahrscheinlich. Ich fand nämlich den gleichen Clivuswinkel auch noch bei einem zweiten Neugeborenen, das zwar auch noch eine Kopfgeschwulst aufwies, dessen Schädel aber keinerlei Umformung durch das Geburtstrauma (mehr?) erkennen ließ und dessen Balkendurchschnitt eine ähnlich gestreckte Gestalt hatte wie der des Präparates der Abb. 2. Außerdem konnte ich auch noch bei einem Keimling von 111 mm S. S. Länge, dessen Kopfmedianschnitt in Abb. 13 auf Tafel 6 wiedergegeben ist, einen Clivuswinkel von 129° feststellen. Trotz dieser verhältnismäßig geringen Neigung der Clivusebene schließt die Achse des Sinus rectus einen Winkel von 17° mit ihr ein.

Besonders bemerkenswert ist die Biegung des Balkens und die Einstellung seines okzipitalen Drittels, das mittelhirnwärts herabgebogen erscheint. Dabei habe ich den bestimmten Eindruck, daß diese Biegung dadurch zustande gekommen sein dürfte, daß die Hirnteile wegen der Raumbeengung im frontalen Schädelabschnitte in der Richtung gegen die Kopfgeschwulst verschoben wurden, wobei der okzipitale Abschnitt des Balkens gegen den Rand der Hirnsichel gedrängt und dadurch abgebogen wurde. Außerdem dürften die Brücke und die über ihr liegenden Hirnteile sowie das Kleinhirn bei der Umformung des Schädels durch die Geburtswege dadurch etwas emporgedrängt worden sein, daß die Schuppe des Hinterhauptsbeines, wie ein Vergleich der Abb. 2 und 3 lehrt, eine entsprechende Verlagerung erlitten hatte.

Daß die an der Abb. 3 sichtbare mächtige Ausdehnung der V. cerebralis magna mit dem während des Geburtsaktes stark behinderten Blutabflusse aus dem Schädel zusammenhängen dürfte, scheint mir deshalb ziemlich wahrscheinlich zu sein, weil ich auch noch an einem zweiten Medianschnitt durch das Gehirn im Schädel eines Neugeborenen eine gleichstarke Erweiterung dieser Vene feststellen konnte. Allerdings ist auch an dem in Abb. 2 wiedergegebenen Präparat diese Vene sehr weit. Aber vielleicht bildet sich die während des Geburtsaktes entstandene Erweiterung der Vene nur allmählich und erst geraume Zeit nach der Geburt wieder völlig zurück. Hervorheben will ich schließlich noch, daß an dem Präparat der Abb. 3 der Sinus rectus unmittelbar vor seiner Mündung in den als Confluens sinuum bezeichneten Raum in einer Strecke von 10 mm Länge durch eine ganz dünne mediane Scheidewand in zwei ungleich weite Kanäle gesondert ist. Von diesen ist der rechte enger als der linke.

Begreiflicherweise wäre es von besonderem Interesse, eine größere Zahl von totgeborenen Kindern zur Herstellung von ähnlichen Medianschnittspräparaten zu verwenden, um festzustellen, ob sich die Verschiebungen der einzelnen Teile des Gehirns während der Geburt immer in der gleichen Weise vollziehen wie in dem in der Abb. 3 wiedergegebenen Falle und ob sie eventuell noch hochgradiger werden können, ohne daß es zu stärkeren Blutungen durch das Bersten größerer Venen kommt. Schwache meningeale, durch Blutstauung bedingte Blutungen waren ja auch in meinem Falle hauptsächlich an der Oberfläche des Kleinhirns, des Mittelhirns, der Brücke und des verlängerten Markes festzustellen, doch hatten sich nirgends größere extravaskuläre Blutansammlungen gebildet.[1]

In hohem Grade interessant und anregend wäre es für mich auch gewesen, ähnliche Medianschnittspräparate, wie sie im vorausgehenden geschildert wurden, von extrem langen oder extrem kurzen oder von Köpfen herzustellen, die infolge prämaturer Synostose einzelner Nähte ganz abnorme Formen dargeboten hätten, um auch an ihnen die kraniozerebrale Topographie zu studieren. Leider bot sich mir dazu, seitdem ich meine Methode der Herstellung solcher Medianschnittspräparate ausgeklügelt und entsprechend eingeübt hatte, keine Gelegenheit, mehr Präparate von derartigen Objekten herzustellen.

Und nun will ich mich der kraniozerebralen Topographie der Köpfe von menschlichen Keimlingen zuwenden.

Über den formbestimmenden Einfluß einzelner Teile der Anlage des Gehirns auf die Oberflächengestaltung des Kopfes junger menschlicher Keimlinge.

Es ist eine schon seit langer Zeit bekannte Tatsache, daß sich einzelne Teile der Gehirnanlage an der Oberfläche des Kopfes junger menschlicher Keimlinge durch Vorwölbungen oder Vertiefungen dieser Oberfläche mehr oder weniger deutlich bemerkbar machen. Begreiflicherweise handelt es sich dabei nur um Teile des Hirnrohres, die den Seitenflächen und der dorsalen Fläche des Kopfes naheliegen. So entspricht eine dorsal gelegene, leichte, querfurchenförmige, seitlich verstreichende Einziehung der Kopfoberfläche dem Sulcus telodiencephalicus. Es ist das die das noch unpaare Endhirnbläschen dorsal vom Zwischenhirn sondernde Furche, deren seitliche Ausläufer später, wenn die Hemisphärenblasen aus dem Endhirn hervorsprossen, zu den beiden Sulci hemisphaerici werden. In gleicher Weise entspricht eine zweite dorsale, ziemlich deutlich ausgeprägte, seitlich seichter werdende und verstreichende lineare Einziehung der die Kleinhirnplatte vom Mittelhirn sondernden Furche, die man Sulcus isthmicus nennen könnte. Frontal von dieser Einziehung erhebt sich dann jene durch die sogenannte Scheitelkrümmung des Mittelhirnrohres bedingte Vorwölbung der Kopfoberfläche, die gewöhnlich als Scheitelhöcker bezeichnet wird. Auch die als Nackenbeuge bezeichnete Biegung des Medullarrohres bedingt eine anfänglich nicht allzu deutlich ausgeprägte dorsale Ausladung der späteren Nackengegend.

Erst bei Keimlingen von mehr als 6 mm Länge beginnt diese ursprünglich sanfte gleichmäßige Biegung des Medullarrohres allmählich den Charakter einer abgerundeten, winkeligen Knickung anzunehmen, so daß nun an der entsprechenden Stelle des dorsalen Oberflächenabschnittes des Kopfes ein Höcker aufscheint, der gewöhnlich als Nackenhöcker bezeichnet wird. An ihn schließt sich kaudal eine ganz leichte ventral gerichtete Einbiegung der dorsalen

---

[1] Heiderich hat (1828) im 1. Bande des Handbuches der Anatomie des Kindes in Abb. 121 einen Paramedianschnitt durch den Kopf eines neugeborenen Kindes abgebildet, den er als „Gefrierschnitt" bezeichnet. Das abgebildete Objekt zeigt auch ziemlich gut die durch den Geburtsakt bedingte Formveränderung des Schädels und ebenso gewisse, durch diese Formveränderung herbeigeführte Lageverschiebungen bestimmter Hirnteile, wie die des Chiasma fasc. opt. und des Infundibulum. Auffallend ist an dem Bilde allerdings, besonders wenn man dasselbe mit meiner Abb. 3 vergleicht, die Form des Durchschnittes des okzipitalen Teiles des Balkens und vor allem der Verlauf des Sichelrandes und des Durchschnittes des Tentoriums. Der letztere verläuft nämlich nicht geradlinig, sondern bogenförmig und stößt mit dem Rande der Sichel unter einem spitzen Winkel zusammen, dessen Scheitelpunkt basial vom Balkenwulste gelegen ist, und im Bereiche dessen eine große Vene, wohl die V. cerebralis magna, sichtbar ist. Ich bin der Meinung, daß es sich bei dem völlig von dem normalen abweichenden Verhalten in dieser Gegend um eine durch die Technik der Herstellung des Präparates bedingte Verlagerung der Teile und um eine Zerreißung der Tela chorioidea prosencephali in dem Gebiete basial vom okzipitalen Teil des Balkens handelt.

Fläche der Nackengegend an. Dieselbe wird mit Unrecht als Nackengrube bezeichnet, denn in Wirklichkeit handelt es sich bei normalgebildeten Keimlingen nicht um eine grubige Vertiefung, sondern lediglich um eine mehr oder weniger gut ausgeprägte quere Einbiegung der Oberfläche der Nackengegend.

Bei Keimlingen von mehr als 6 *mm* Länge, bei denen sich die beiden Hemisphärenblasen seitlich auch schon vorzuwölben beginnen, tritt dann an der frontalen Seite der durch das Endhirn bedingten Vorwölbung des Kopfes eine mediane seichte Furche, auf die man, weil sie der sich bildenden Fissura interhemisphaerica entspricht, Sulcus interhemisphaericus nennen könnte. Dieselbe hängt kaudal mit der dem Sulcus telodiencephalicus entsprechenden Furche zusammen.

Daß sich die rautenförmig begrenzte dünne, unmittelbar an die Haut angeschlossene Decke des Rautenhirns mit dieser Haut an gut erhaltenen Keimlingen dieses Alters gewöhnlich etwas in dorsaler Richtung vorwölbt, sei hier nur nebenbei bemerkt. Jedenfalls aber macht sich diese rautenförmige Figur, nach der der Hirnteil, dem sie angehört, benannt ist, bei entsprechender Beleuchtung durch ihre mehr oder weniger starke Lichtdurchlässigkeit deutlich bemerkbar.

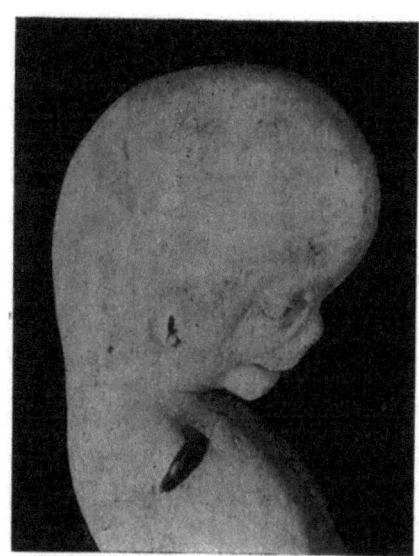

Vergr. 3 fach.
Abb. 1.

Der sogenannte Scheitelhöcker prägt sich in dem Maße immer deutlicher aus, in dem sich die Scheitelkrümmung des Mittelhirnrohres verstärkt und sich infolgedessen die dorsale Wand dieses Rohres immer stärker vorwölbt, während sich gleichzeitig allmählich der sogenannte kaudale Mittelhirnblindsack bildet. Ich muß übrigens hier gleich betonen, daß die bisher benutzten Ausdrücke Scheitelhöcker des Keimlingskopfes und Scheitelkrümmung des Mittelhirns ganz unzutreffend sind. Denn die beiden mit diesen Namen bezeichneten Dinge haben nicht das geringste mit dem Scheitel (Vertex capitis) zu tun. Vielmehr bildet sich der letztere, wie noch aus den folgenden Darlegungen hervorgehen wird, an einer Stelle des Kopfes, die wohl nie in irgendeiner nachbarlichen Beziehung zur Oberfläche des Mittelhirns gestanden ist. Ich werde deshalb in der Folge nur noch von der Mittelhirnkrümmung des Keimlingsgehirnes und vom Mittelhirnhöcker des Keimlingskopfes sprechen.

Bei Keimlingen von mehr als 16 *mm* S. S. Länge verschwinden dann allmählich der schon recht undeutlich gewordene Sulcus interhemisphaericus und die beiden, seine paarige Fortsetzung bildenden Sulci hemisphaerici, also den Derivaten des Sulcus telodiencephalicus entsprechenden Furchen. Auch die dem Sulcus isthmicus entsprechende, später die kaudale Begrenzung des Mittelhirnhöckers des Keimlingskopfes bildende Furche hat in dem Maße an Tiefe abgenommen, als sich der kaudale Mittelhirnblindsack weiter ausgebildet und der Kleinhirnplatte angelagert hat. Immerhin ist diese Furche, wenn sie auch schon ganz seicht und unscheinbar geworden ist, auch noch bei Keimlingen von 20 bis 22 *mm* S. S. Länge deutlich zu erkennen. Der Mittelhirnhöcker des Kopfes aber ist als leichte Verwölbung meist noch bei Keimlingen von 28 *mm* S. S. Länge mindestens angedeutet. Bei Keimlingen von 29 bis 30 *mm* S. S. Länge sind dann aber schließlich in der Regel an der Außenfläche des Kopfes (vgl. die Textabb. 1) keinerlei Merkzeichen mehr zu erkennen, die genauere Aufklärung darüber geben würden, wie sich die einzelnen Hirnteile auf diese Außenfläche projizieren. Nur die mächtige Ausladung der Stirngegend deutet auf den Einfluß hin, den das Wachstum der Großhirnhemisphären auf die Gestaltung der Kopfform ausübt. Will man daher Näheres über die kraniozerebrale Topographie von Keimlingen dieses Alters oder von älteren Keimlingen erfahren, dann ist man, wie ich schon in der Einleitung zum Ausdruck gebracht habe, auf die

Präparation der Köpfe gut fixierter Keimlinge und auf das Studium von Schnittreihen durch solche sowie auf die Untersuchung von median durchschnittenen derartigen Köpfen angewiesen. Im nachfolgenden werde ich nun zunächst an der Hand einer Reihe von Lichtbildern, welche solche Medianschnitte betreffen, das mitteilen, was ich an ihnen über die Beziehungen des Gehirns zur Schädelkapsel und über die seiner einzelnen Teile zueinander ermitteln konnte.

Im ganzen wurden solche Medianschnitte durch die Köpfe von 49 Keimlingen, die S. S. Längen von 29 bis 230 mm hatten, angefertigt und von denselben Lichtbilder bei entsprechenden Vergrößerungen hergestellt. Aus dieser Reihe von Bildern wurden dann die 17 besten ausgewählt, die nicht nur zufriedenstellend gelungene Präparate, sondern auch besonders gut erhaltene Objekte betrafen. Ich werde mich jedoch bei meiner Schilderung nicht nur auf das, was an diesen (in den Abb. 4—20 auf Tafel 4—8 wiedergegebenen) 17 Bildern zu sehen ist, beschränken, sondern gelegentlich auch auf eines oder das andere von den nicht abgebildeten Präparaten hinweisen.

Was Medianschnitte durch die Köpfe menschlicher Keimlinge von 29 bis 230 mm S. S. Länge zeigen.

K 1 (S. S. Länge 29 mm. Abb. 4).[1]

Ich beginne mit der Schilderung der Verhältnisse, wie sich dieselben an einem Keimling von 29 mm S. S. Länge darbieten. Wie die Abb. 4 auf Tafel 4 zeigt, ist an der Randkontur des Medianschnittes nirgends mehr eine durch einen einzelnen Hirnteil bedingte Ausbiegung dieser Kontur wahrzunehmen. In der Stirngegend ist dieselbe am stärksten gekrümmt. Diese Krümmung nimmt dann gegen den Scheitel zu allmählich ab und ist am schwächsten in der Gegend des Hinterhauptes, welche Gegend, wie dies auch die Textabbildung 1 zeigt, so gut wie gar nicht auslädt. Die dünne dorsale Wand des Mittelhirns liegt in Wirklichkeit, wenigstens noch eine Strecke weit, der Schädeldachanlage an, denn der Spalt, der an Abb. 4 zwischen der Wand dieses Hirnteiles und dem Schädeldache klafft, ist erst bei der Fixierung des Keimlings durch die Ablösung dieser Wand vom Schädeldache entstanden. Jedenfalls ist das Schädeldach im Bereiche der Stelle, an der das Mittelhirndach der Oberfläche des Kopfes am nächsten liegt, am dünnsten. Die etwas dickere, rautenhirnwärts gerichtete Wand des kaudalen Mittelhirnblindsackes liegt größtenteils dem medianen, noch überaus dünnen Abschnitt der Kleinhirnplatte fast unmittelbar an und ist von ihr nur durch eine ganz dünne Lage leptomeningealen Gewebes getrennt. An den Rand der Kleinhirnplatte schließt die dünne Rautenhirndecke an, die in Form der sogenannten Plica chorioidea eine in den Rautenhirnhohlraum gegen die Brückenbeuge zu vorragende Duplikatur bildet, kaudal von der sich jene blasenförmige, äußerst dünne Ausbuchtung der epithelialen Rautenhirndecke der Innenfläche der Schädelanlage anlegt, welche später durch ihr Dehiszentwerden zur Bildung der Apertura mediana ventriculi Rhombencephali führt. An das Mittelhirndach schließt unmittelbar frontal die Commissura caudalis und an diese die Anlage der Zirbel an. Beide sind schon ziemlich weit von der Schädelinnenfläche entfernt. Schädeldachwärts von der Zirbelanlage befindet sich der Durchschnitt des die Tentoriumanlage darstellenden stumpfwinkeligen Bindegewebskeiles, der seine Kante der Zirbel zuwendet.

An den Durchschnitt der Zirbel schließt frontal der Durchschnitt der dünnen Zwischenhirndecke an, der sich, einen Bogen bildend, stirnwärts immer weiter vom Schädeldach entfernt. An seinem basal gerichteten frontalen Ende zeigt er einige Falten, welche gegen das Foramen interventriculare vorragen und seitlich in die Falten des Plexus chorioides partis lateralis ventriculi telencephali übergehen. Basal von dieser Faltengruppe erscheint im Bereich des Foramen interventriculare ein Wulst, der durch eine in basaler Richtung immer seichter werdende Furche gegen die Oberfläche der Thalamusanlage abgegrenzt ist. Diese

---

[1] Die Keimlinge, auf welche sich die einzelnen auf Tafel 4—8 wiedergegebenen Lichtbilder beziehen, bezeichne ich der Einfachheit halber als K 1—K 17.

Furche ist das basiale Endstück des Sulcus terminalis,[1] und der Wulst, der an der Bildung der Seitenwand der Pars telencephalica ventriculi tertii beteiligt ist, ist ein Ausläufer des medialen Teiles des Ganglienhügels. Der Zwischenraum zwischen der epithelialen Decke des Zwischenhirns und dem Schädeldache wird von der die beiden Hemisphärenblasen voneinander sondernden meningealen Gewebeplatte eingenommen, die man als primitive Großhirnsichel zu bezeichnen pflegt. Die letztere steht in der Gegend, in welcher später die Lamina cribriformis auftritt, mit der Anlage der Crista galli und dadurch mit dem Perichondrium der knorpeligen Nasenkapsel in Verbindung. Außerdem haftet sie auf dem Grunde der Fissura interhemisphaerica sowohl an der dünnen Decke des Zwischenhirns als auch an der frontal eingestellten Kommissurenplatte, deren Durchschnitt stirnwärts nahezu geradlinig begrenzt ist, während er gegen den unpaaren Endhirnhohlraum zu eine stumpfwinkelige Vorwölbung bildet. Basal schließt an die Platte die dünne Lamina terminalis an, welche sich wieder unter einem annähernd rechten Winkel dem Durchschnitt des dem Perichondrium des knorpeligen Schädelgrundes anliegenden Chiasma fasc. optic. anfügt. Scheitelwärts von diesem Winkel und seitlich von ihm sieht man an der Seitenwand der Pars telencephalica ventriculi tertii eine spitzwinkelige, sich basal vertiefende Rinne, deren trichterförmiges Ende gegen den Augenblasenstiel gerichtet ist. Es handelt sich bei ihr um die sogenannte seitliche Stielkonusrinne, die später die Fortsetzung des Sulcus terminalis bildet. An die Chiasmaplatte schließt okzipital die seichte, gegen den Zwischenhirnhohlraum zu weit offene Infundibulumanlage an, deren Verbindung mit der Anlage der Neurobypophyse deutlich zu sehen ist. Dann folgt scheitelwärts vom Dorsum sellae beginnend der Durchnitt des dünnen, basal leicht ausgebogenen Zwischenhirnbodens, dessen Grenze gegen die Anlage des Corpus mamillare durch den Recessus inframamillaris bestimmt ist.

Im Biereiche der Konkavität der Mittelhirnbiegung, die auf das stärkste ausgeprägt ist, ist der Zwschenraum zwischen der Oberfläche des Rautenhirnbodens und des Zwischenhirnbodens so klein, daß eine Strecke weit zwischen diesen beiden Hirnteilen nur die A. basialis mit wenig leptomeningealem Gewebe Platz findet. Lediglich im Bereiche des am weitesten scheitelwärts vorragenden Teiles der Konkavität erweitert sich dieser Zwischenraum wieder erheblich, so daß er einen größten Durchmesser von 1·3 mm besitzt. In diesen Raum hinein, der die Anlage der Fossa intercruralis darstellt, springt der sogenannte Isthmushöcker vor, dem gegenüber dorsal die Isthmusbucht des Hirnhohlraumes sichtbar ist.

Der Scheitelpunkt der noch spitzwinkeligen Knickung des Rautenhirnbodens liegt ziemlich genau in der Ebene, welche durch den Rand der Sattellehne und den dem Nasion der Anthropologen entsprechenden Punkt gelegt wird. Die dieser Knickung entsprechende Konvexität der basalen Fläche des Rautenhirnbodens erscheint eine ausgesprochene Konkavität der ihr zugewendeten Oberfläche des Clivus und eine leichte Biegung des Schädelgrundknorpels im Bereiche des Clivus angepaßt. Der Neigungswinkel der Clivusebene beträgt 117°. Die Entfernung des Scheitelpunktes der Konkavität des Mittelhirns vom Rand des Dorsum sellae, ich nenne dieselbe in der Folge Entfernung a, beträgt 4 mm, ist also relativ ziemlich groß. Eine zweite Entfernung, die uns interessiert, ist die Entfernung des Scheitelendes der Kommissurenplatte von der zerebralen Fläche des frontal am stärksten ausladenden Abschnittes der Schädelkapsel. Ich bezeichne sie in der Folge als Entfernung b; dieselbe beträgt 3·6 mm.

K 2. (Abb. 5.)

Die Abb. 5 auf Tafel 4 betrifft das Präparat des Kopfes eines Keimlings von 38·5 mm S. S. Länge. Bei ihm hat sich an den in Betracht kommenden Verhältnissen nur wenig geändert. Der Neigungswinkel seines Clivus beträgt 115°. Auch bei diesem Keimling steht die Konvexität des Mittelhirndaches im Bereiche einer ganz kleinen umschriebenen Stelle beinahe noch mit der Anlage des Schädeldaches in Berührung. Nur eine ganz dünne Lage

---

[1] Grenzfurche zwischen Streifenhügel und Thalamus.

leptomeningealen Gewebes, die frontal und okzipital rasch an Dicke zunimmt, trennt diese Konvexität vom Schädeldach. Dagegen hat die Entfernung der Zirbelanlage vom Schädeldach weiter erheblich zugenommen. Während dieselbe bei K 1 1·4 mm beträgt, erscheint sie bei K 2 auf 2·25 mm angewachsen. Die Ursache für diese Zunahme liegt an dem durch das mächtige Wachstum der Hemisphären verursachten starken Wachstum des Hirnschädels, das auch in der Vergrößerung der Entfernung b auf 4·5 mm seinen Ausdruck findet. Da sich nämlich dabei die wachsenden Hemisphären auch über das Zwischenhirndach hinweg gegen das Mittelhirn zu in okzipitaler Richtung vorschieben und sich das Wachstum der Schädelkapsel auch dieser Verschiebung anpaßt, muß die Entfernung des Schädeldaches von der Zirbelanlage und dem Zwischenhirndache ständig zunehmen.

In der Kommissurenplatte ist jetzt an ihrer dicksten Stelle, dort wo sie hirnhöhlenwärts am stärksten vorspringt, das Querschnittsbild der Commissura rostralis deutlich sichtbar geworden. An der Lage der Chiasmaplatte hat sich K 1 gegenüber nichts geändert. Auch die Entfernung zwischen dem tiefsten Punkt der Trichteranlage und dem Recessus inframamillaris ist fast gleichgeblieben; sie beträgt 2·62 mm. Ebenso ist die Entfernung a die gleiche wie bei K 1, nämlich 4 mm. Der Winkel der Brückenbeuge, der bei K 1 noch ein spitzer war (70°), ist nun zu einem rechten geworden, während sich an dem Winkel der Nackenbeuge, der so wie bei K 1 ein rechter ist, nichts geändert hat. Dagegen hat sich die Einstellung der inzwischen wesentlich dicker gewordenen Kleinhirnplatte und die der ihr anliegenden Wand des kaudalen Mittelhirnblindsackes etwas geändert, d. h. der Winkel, den die letztere Fläche mit der Clivusebene einschließt und der bei K 1 32° hatte, mißt nun bei K 2 35°.

An den Verhältnissen des dünnen Rautenhirndaches hat sich nur wenig geändert, und auch die der Hirnhöhlenfläche unterscheiden sich nur wenig von denen des Keimlings 1. Nur steht bei K 2 der Sulcus terminalis bereits in unmittelbarem Zusammenhang mit der seitlichen Stielkonusrinne, die jetzt seine Fortsetzung bildet. Außerdem erhebt sich jetzt auf dem seitlichen Ende des inneren, d. h. in den Rautenhirnhohlraum hinein vorragenden Kleinhirnwulstes eine halbkugelige Erhabenheit, die nichts anderes ist als die Wand jener für dieses Keimlingsalter charakteristischen Kleinhirnzyste.[1]

K 3. (Abb. 6.)

An dem in Abb. 6 wiedergegebenen Präparat eines Keimlings von 40 mm S. S. Länge dessen Clivus eine Neigung von 110° hat, der also verhältnismäßig stark geneigt ist, während der Schädelgrundknorpel in seinem Bereich auch wieder leicht schlundkopfwärts ausgebogen ist wie bei K 1 und K 2, erscheint das Schädeldach auch von dem dorsal am stärksten ausladenden Wandteil des Mittelhirns bereits ziemlich weit entfernt. Auch hat sich die Distanz des ersteren von der Zirbelanlage auf 2·7 mm vergrößert. Die ständig zunehmende Entfernung b aber beträgt bereits 5 mm. Auf diese Weise wurde in dem wachsenden Hirnschädel weiter für die wachsenden Hemisphären Raum geschaffen. Aber auch die Entfernung zwischen Rautenhirndecke und Innenfläche der Schädelanlage hat nicht unwesentlich zugenommen. Hingegen hat die der Brückenbeuge entsprechende Knickung des Rautenhirnbodens weiter abgenommen. Ihr Winkel beträgt etwa 95°. Auch der Winkel, den die kaudale Wand des Mittelhirnblindsackes mit der Clivusebene einschließt, ist auf 42° angewachsen. Die Entfernung zwischen Infundibulum und Recessus inframamillaris ist noch ziemlich die gleiche wie bei den Keimlingen 1 und 2; sie beträgt 2·5 mm. An dem Verhältnisse der Chiasmaplatte zum Schädelgrund hat sich gleichfalls nichts geändert. Bemerkenswert ist jedoch, daß der Zwischenraum zwischen dem frontal gerichteten, scheitelwärts von dem Scheitelpunkt der Konvexität der Brückenbeuge gelegenen Abschnitt des Rautenhirnbodens und der dünnen Bodenplatte des Zwischenhirns etwas größer geworden ist wie bei K 2. Die Entfernung a

---

[1] Vgl. über diese Zyste das von mir 1929 auf S. 123—127 (2. T. H. A.) Gesagte.

hat sich scheinbar (?) auf 3·8 mm verringert und der Knickungswinkel der Nackenbeuge des Medullarrohres von 90° bei den Keimlingen 1 und 2 auf 100° vergrößert. An der Höhlenfläche des Gehirns hat sich K 2 gegenüber kaum etwas geändert. Noch ist der Recessus mamillaris gut ausgeprägt und die Bucht des Trichters ganz seicht. Auch die der physiologischen Kleinhirnzyste entsprechende Vorwölbung am seitlichen Ende des inneren Kleinhirnwulstes ist wieder gut zu sehen.

K 4. (Abb. 7.)

An dem Präparat des Keimlings 4 von 51 mm S. S. Länge (vgl. Abb. 7) hat die Clivusebene eine Neigung von 116°. Das Wachstum der Schädelwölbung hat weitere erhebliche Fortschritte gemacht. Die Entfernung b beträgt bereits 6 mm und die Entfernung der Zirbel vom Schädeldach 4·3 mm. Auch die Entfernung zwischen dem letzteren und der Mittelhirn- und Rautenhirndecke hat weiter zugenommen. Da sich die Hemisphärenblasen bereits über das Mittelhirn in okzipitaler Richtung hinwegzuschieben beginnen, erscheint der Medianschnitt durch den Bindegewebskeil der Tentoriumanlage, der bei K 3 noch ein stumpfwinkeliger war, in einen spitzwinkeligen umgewandelt, und bei genauem Zusehen erkennt man, wie in die Kante dieses Keiles die median gelegene V. cerebralis interna communis eindringt, während über dem Zwischenhirndach der Längsschnitt durch die mit Blut gefüllte V. mediana prosencephali zu sehen ist, deren Endabschnitt, der wahrscheinlich etwas seitlich lag, nur eine Strecke weit seitlich angeschnitten wurde und daher über ihre Mündung nichts mehr zu erfahren war. Diese Vene ist übrigens über dem Zwischenhirndach auch an den Medianschnitten der Köpfe von K 1 und K 2 sowie ganz besonders gut an dem von K 3 (vgl. Abb. 6) sichtbar. Doch ist auch an diesem Schnitt weder ihre noch die Endstrecke der zwischen ihr und der Zirbel gelegenen V. cerebralis interna communis getroffen.[1]

Die Knickung des Rautenhirnbodens ist wieder geringer geworden, sie beträgt 105°. An der basialen Oberfläche dieses Bodens, deren Entfernung vom Clivus zugenommen hat, eine Zunahme, die auch eine Erweiterung des Zugangs zur Fossa intercruralis bedingt, ist die Vorwölbung der Brücke, die bei K 3 noch kaum angedeutet war, nun schon deutlich ausgeprägt. Ihre Entfernung vom Dorsum sellae beträgt 1·6 mm. Die Entfernung a hat sich K 3 gegenüber insofern geändert, als sie wieder 4 mm beträgt. Die Entfernung zwischen dem tiefsten Punkte des Trichters und dem Recessus inframamillaris beträgt 2·6 mm, ist also ein wenig größer als bei K 3. Der Trichter selbst ist etwas tiefer geworden und seine okzipitale Wand ist durch eine kammerwärts gerichtete stärkere Biegung des Zwischenhirnbodens gegen den übrigen umfangreicheren, kaudal etwas vorgewölbten Teil dieses Bodens abgegrenzt. Sehr schön sieht man, wie sich bei diesem Keimling die Chiasmaplatte unmittelbar frontal vom Hirnanhang von dem Perichodrium des Schädelgrundes abzuheben begonnen hat.[2] Diese Abhebung steht im Zusammenhange damit, daß sich der ganze im Konvergenzwinkel der beiden Tractus optici gelegene Teil des Zwischenhirnbodens vom Schädelgrunde zu entfernen strebt, ein Vorgang, der eigentlich erst zur Bildung der als Hirntrichter bezeichneten trichterförmigen Ausladung des Zwischenhirnbodens führt. Denn bei dem Keimling 3 kann man eigentlich noch nicht von einer solchen Ausladung sprechen.

Die Kommissurenplatte hat an Dicke erheblich zugenommen. Es ragt nämlich nicht nur ihre okzipitale Durchschnittskontur gegen die Pars telencephalica ventriculi tertii zu vor, sondern es ist auch ihre frontale Kontur etwas stärker ausgebogen. Dabei tritt der Querschnitt der in der okzipitalen Ausladung der Platte gelegenen Comissura rostralis, weil dieselbe faserreicher geworden ist, nicht nur deutlicher hervor wie bei K 3, sondern man sieht auch in der

---

[1] Vgl. auch das über das Verhalten der V. mediana prosencephali und der V. cerebralis interna communis von mir 1938 Mitgeteilte.

[2] Die Andeutung eines Beginnes dieser Abhebung ist allerdings bei der Untersuchung mit Hilfe einer stärker vergrößernden Lupe auch schon an den Präparaten von K 2 und K 3 wahrzunehmen.

Platte, dort wo sie sich gegen den Plexus chorioides zu zu verschmächtigen beginnt, in ihr ein schwaches Bündel von Nervenfasern quer durchschnitten, welches nichts anderes ist, als die erste Anlage des Hirnbalkens.

Während an der Zwischenhirndecke von K 3 nur erst in ihrer Mitte Plexusfalten angedeutet sind, sieht man bei K 4 diese nun schon stärker gegen die Fissura interhemisphaerica vorgewölbte Decke mit zahlreichen queren, gegen ihr kaudales Ende zu, das sich schon zirbelwärts als Recessus suprapinealis auszubuchten beginnt, immer schiefer eingestellten kammerwärts gerichteten Fältchen besetzt. Aufmerksam machen möchte ich hier auch darauf, wie sich bei K 4 im Vergleich mit den jüngeren untersuchten Keimlingen die Zirbelanlage der als Recessus retrocommissuralis zu bezeichnenden spaltförmigen dorsalen Ausladung des Mittelhirnhohlraumes bzw. der ihr entsprechenden Vorwölbung des Mittelhirndaches genähert hat. Der Winkel, den die dem seitlich von der Mitte durchschnittenen Kleinhirn zugewendete Fläche des kaudalen Mittelhirnblindsackes mit der Clivusebene einschließt, beträgt 65°. Was die Verhältnisse der Hirnhöhlenflächen anbelangt, so hat sich an ihnen wenig geändert. Der innere Kleinhirnwulst springt wenigstens seitlich allerdings noch immer deutlich ventrikelwärts vor, aber von der lokalen, der physiologischen Kleinhirnzyste entsprechenden Vorwölbung ist weder an dem Präparat von K 4 noch an dem eines zweiten Keimlings gleicher S. S. Länge irgend etwas wahrzunehmen. An der etwas stärker als bei K 3 kammerwärts vorragenden Plica chorioidea Rhombencephali fällt der größere Reichtum an Plexusfalten ihres freien Randes auf. Auch auf den größeren Umfang der dünnwandigen, kaudalen Rautenhirndeckenblase ist hinzuweisen. K 3 gegenüber hat die Nackenbeuge weiter abgenommen. Ihr Winkel beträgt bereits 120°.

K 5. (Abb. 8.)

Auch bei diesem Keimling, dessen S. S. Länge 55 mm betrug und der einen Clivuswinkel von 115° aufwies (vgl. Abb. 8 auf Tafel 5), hat das Wachstum der Schädelkapsel K 4 gegenüber weiter beträchtliche Fortschritte gemacht. Dies ergibt sich vor allem aus der Zunahme der Entfernung b, die auf 7·3 mm angewachsen ist. Dabei ist die Kommissurenplatte besonders auch in ihrem dem Foramen interventriculare benachbarten Teil wieder dicker und sind die Querschnittsareale der Commissura rostralis und der Balkenanlage etwas umfangreicher geworden. Die Entfernung der Zirbelanlage vom Schädeldach beträgt bereits 5·9 mm. Da die okzipitalen Teile der Großhirnhemisphären schon fast die ganze, dem Scheitel zugewendete Fläche des Mittelhirns bedecken, ist auch die Innenfläche des okzipitalen Abschnittes der Anlage des Craniums weiter von der Oberfläche des kaudalen Mittelhirnblindsackes und der des Kleinhirns abgerückt, wobei aber natürlich die schon vorhandenen bzw. weiter zustande gekommenen Zwischenräume von leptomeningealem Gewebe erfüllt bleiben.

Der Knickungswinkel des Rautenhirnbodens beträgt 123°. Die Brücke ist bedeutend mächtiger geworden und wölbt sich infolgedessen clivuswärts sehr viel stärker vor wie bei K 4. Trotzdem hat die Entfernung zwischen ihr und dem Clivus zugenommen; sie beträgt 1·66 mm. Dadurch hat der Zugang zur Fossa intercruralis eine weitere Erweiterung erfahren. Die Entfernung a hingegen hat sich auf 3·4 mm verkleinert. Der Winkel der Nackenbeuge beträgt 135° und der Winkel, den die Ebene der kaudalen Fläche des Mittelhirnblindsackes mit der Clivusebene einschließt, 70°.

Die Ablösung der Chiasmaplatte vom Perichondrium des Schädelgrundes hat weitere Fortschritte gemacht. Dies hat zur Folge, daß der Trichterfortsatz des Zwischenhirnbodens noch wieder deutlicher hervortritt und der bis an die Chiasmaplatte heranreichende Teil der Pars glandularis der Hypophyse, der mit dem Zwischenhirnboden in Verbindung steht, nun der frontalen Wand des Trichters als Pars oder Processus infundibularis anliegt (vgl. auch Fig. 30 auf Tafel 8, 2. T. H. A.). Die Entfernung des tiefsten Punktes des Trichters vom Recessus inframamillaris beträgt 2·3 mm, ist also wieder etwas geringer geworden.

K 6. (Abb. 9.)

Bei dem Keimling 6 von 77 *mm* S. S. Länge (vgl. Abb. 9 auf Tafel 5) haben die Großhirnhemisphären das Mittelhirn schon größtenteils überwachsen und es sind infolgedessen die Distanzen zwischen Innenfläche der Schädelwölbung und den auf dem Medianschnitt sichtbaren Hirnteilen im allgemeinen weiter gewachsen. Die Entfernung *b* ist dabei allerdings gleichgeblieben. Sie beträgt, gemessen von der Gegend der Balkenanlage aus, die wesentlich faserreicher geworden ist, auch wieder 7·3 *mm*. Dagegen ist die Entfernung zwischen der Zirbelanlage und dem Schädeldache auf 7·1 *mm* angewachsen. Auch die Entfernung des Mittelhirndaches vom Schädeldach ist schon eine ziemlich beträchtliche. Die Neigung der Clivusebene beträgt bei K 6 nur 107°. Der Clivus steht also bei ihm besonders steil, so steil wie nur noch bei einem zweiten der 49 von mir auf die Clivusneigung hin untersuchten Keimlinge. Es war dies einer von 75 *mm* S. S. Länge. Der Rautenhirnboden hat sich nicht weiter abgeflacht, vielmehr ist sein Knickungswinkel kleiner als der von K 5; er beträgt nur 119°. Dagegen hat die Nackenbeuge wieder abgenommen, denn ihr Knickungswinkel beträgt 137°. Die Entfernung zwischen der Brücke und dem Clivus hat sich K 5 gegenüber auf 1·3 *mm* verringert. Auch die Entfernung *a* ist wieder etwas kleiner geworden, denn sie beträgt nur 3·3 *mm*. Dabei steht aber der Scheitelrand der Brücke auf der gleichen Höhe, das heißt, seine Entfernung von der Dorsumrandebene ist bei K 5 und K 6 die gleiche.

Die Ablösung der Chiasmaplatte vom Schädelgrunde hat wieder Fortschritte gemacht. Nur ihr frontaler Rand ist noch mit dem Perichondrium des Schädelgrundes in leichter Berührung. Infolgedessen ist auch der Hirntrichter etwas tiefer geworden, aber die Entfernung seines tiefsten Punktes vom Recessus inframamillaris ist die gleiche geblieben wie bei K 5. Auffallend ist die Höhenzunahme der Lamina terminalis (vgl. Abb. 8 mit Abb. 9).[1] Diese Zunahme scheint durch ein stärkeres Wachstum der hypothalamischen Region des Zwischenhirns bedingt zu sein, die vor allem auch in einer Zunahme der Entfernung des Zwischenhirnbodens von dem Ansatzrande der dünnen Zwischenhirndecke am Sehhügel ihren Ausdruck findet.

Das Kleinhirn, dessen Wurmteil sich bereits zu furchen beginnt, fängt an, seine nahe nachbarliche Beziehung zur Wand des kaudalen Mittelhirnblindsackes aufzugeben, indem ein etwas breiterer Zwischenraum zwischen den beiden Hirnteilen sich zu bilden im Begriffe ist, ein Vorgang, der wieder zur Bildung des Velum medullare anterius führt. Mittelhirnwärts von der dünnen in ihrem okzipitalen Teil etwas eingefallenen Decke des Zwischenhirns, anschließend an die Zirbel, sieht man ein Stück der längsdurchschnittenen V. cerebralis magna, die an der Stelle, an welcher sie in die Tentoriumanlage übergeht, nicht mehr getroffen ist. Diese Vene ist bei K 6 nur wenig ausgedehnt. Bei K 5 dagegen (vgl. Abb. 8) ist die gleiche Vene sehr stark ausgedehnt und mit geronnenem Blut gefüllt, weshalb sie an der gleichen Stelle sehr viel besser sichtbar ist.

K 7. (Abb. 10.)

Während bei K 6 die dünne Zwischenhirndecke scheitelwärts noch nicht besonders stark auslädt und im Bereiche des Recessus suprapinealis etwas eingefallen war, ist diese Decke bei dem Keimling von 85 *mm* S. S. Länge (vgl. Abb. 10 auf Tafel 5) gegen die Fissura interhemisphaerica zu besonders stark ausgebuchtet und auch bereits ein recht mächtiger Recessus suprapinealis ausgebildet. Allerdings sieht man an dem Präparat von der Zirbelanlage nichts, weil der Schnitt im Bereiche der Zirbel etwas seitlich von derselben geführt ist und sie daher nicht durchschnitten hat. Dagegen sieht man basial vom Recessus suprapinealis die hier beginnende, prall mit geronnenem Blut gefüllte, ihrer ganzen Länge nach durchschnittene V. cerebralis magna und in ihrer Fortsetzung den in die Tentoriumanlage

---

[1] Vgl. auch die Textfiguren 7—11 im 1. T. H. A. und das dort über die Lamina terminalis auf S. 109—117 Gesagte.

eindringenden Anfangsteil des Sinus rectus. Von besonderem Interesse ist das abgebildete Präparat, weil an ihm über der im Vergleich zu K 6 mächtig angewachsenen Balkenanlage in geringer Entfernung von ihr eine größere median verlaufende Vene im Bogen hinwegzieht. Dieselbe wurzelt in Venen, welche das Blut aus den Stirnteilen der medialen Hemisphärenblasenwände ableiten und verschwindet am frontalen Ende des Zwischenhirndaches, dieses etwas einbiegend. Augenscheinlich setzt sie sich hier, eine ihrer Hauptwurzeln bildend, in die V. cerebralis interna fort, so daß also ihr Blut schließlich in die V. cerebralis magna gelangt. Wahrscheinlich handelt es sich in dieser Vene um die Anlage des Sinus sagittalis inferior. Übrigens entdeckte ich die gleiche Vene, nachdem ich bei K 7 auf dieselbe aufmerksam geworden war, auch an dem Bilde des Präparates von K 5 (vgl. Abb. 8), an dem sie auch an der gleichen Stelle in die V. cerebralis interna überzugehen scheint.

Der Schädel von K 7 hat im Vergleich mit dem von K 6 weiter mächtig an Umfang zugenommen. Die Distanz b beträgt bereits $9·6$ mm und die Entfernung der Zirbel vom Schädeldach $10·9$ mm. Auch die Entfernungen zwischen den dorsalen Flächen des Mittel- und des schon tiefgefurchten Kleinhirns einer- und der Innenfläche des Schädels anderseits haben entsprechend zugenommen. Der Cliviuswinkel von K 7 beträgt 114°, der Winkel seiner Nackenbeuge 130° und der der Knickung seines Rautenhirnbodens 142°. Die Entfernung a beträgt $3·2$ mm. Ziemlich gleich groß wie bei K 6 ist die Entfernung des Scheitelendes der Brücke von der Dorsumrandebene. Dagegen hat sich die Entfernung dieses Endes von der Wand des Recessus inframamillaris, die bei K 5 und K 6 gleich groß war, wesentlich vergrößert (vgl. Abb. 10 mit Abb. 9), so daß nun, nachdem auch die Entfernung der Brücke vom Clivus auf $1·6$ mm angewachsen ist, die Fossa intercruralis gegen das Dorsum sellae zu weit geöffnet und lange nicht mehr so tief erscheint wie früher.

Die Chiasmaplatte hat sich nun schon völlig vom Perichondrium des Schädelgrundes gelöst. Ihr frontaler Rand liegt sogar schon $0·8$ mm von ihm entfernt. Infolgedessen hat sich der Trichterfortsatz des Zwischenhirnbodens weiter verlängert, eine Verlängerung, die auch schon seine okzipitale Wand betrifft. Und zwar scheint die Verlängerung dieser Wand auf Kosten des okzipital vom Trichter gelegenen, leicht vorgewölbten Teiles der Bodenlamelle des Zwischenhirns[1] zu gehen. Mindestens beträgt die Entfernung zwischen dem Punkt, an welchem diese Lamelle in die okzipitale Wand des Trichters abbiegt, und dem tiefsten Punkt des Recessus inframamillaris bei K 6 noch 2 mm, während sie bei K 7 nur noch $1·8$ mm ausmacht. Dabei ist der tiefste Punkt des Trichters von diesem Recessus bei K 7 2 mm entfernt, während die gleiche Entfernung bei K 5 und K 6 $2·3$ mm ausmacht. Die Lamina terminalis hat K 6 gegenüber wieder etwas an Höhe zugenommen. Ihre Höhe beträgt bei K 7 2 mm. Aber auch die Kommissurenplatte ist erheblich höher geworden. Die Entfernung zwischen der Lamina terminalis und dem Ansatz der dünnen Endhirnwand an der Platte beträgt bei K 6 $4·3$ mm während bei K 7 die Entfernung von der Scheitelgrenze der Lamina terminalis bis zu dem scheitelwärts am weitesten vorragenden Punkt des Balkendurchschnittes $5·7$ mm ausmacht. Dabei ist bei K 7 der die Balkenanlage beherbergende Teil der Kommissurenplatte bereits ihr dickster Teil geworden. Das heißt die Platte hat hier ihren größten sagittalen Durchmesser.

K 8. (Abb. 11.)

Bei dem Keimling 8 von 94 mm S. S. Länge (vgl. Abb. 11) hat sich an den Verhältnissen des Gehirns zur Schädelkapsel K 7 gegenüber nur wenig geändert. Die Knickung des Rautenhirnbodens ist so wie bei den nächstälteren Keimlingen nur noch angedeutet und auch die Nackenbeuge seines Medullarrohres ist schon eine recht geringe. Der Cliviuswinkel beträgt 114°. Das Areal des Durchschnittes seiner Balkenanlage ist K 7 gegenüber ein wenig größer

---

[1] Es ist das die Vorwölbung, die Retzius (1896) als Eminentia saccularis bezeichnet hat. Ihr entspricht die seichte, an allen von mir abgebildeten Medianschnitten durch die Köpfe jüngerer menschlicher Keimlinge sichtbare, von Retzius als Recessus saccularis bezeichnete Bucht.

geworden, auch läßt sein Umriß die Form schon ahnen, welche der Balkendurchschnitt im fertigen Zustande zeigt. Das basial an den Balkendurchschnitt anschließende dreiseitige, bis an die Commissura rostralis heranreichende Feld des Kommissurenplattendurchschnittes, an dessen Stelle sich später die durchsichtige Scheidewand findet, ist schon gut ausgeprägt. Einzelne Lücken, die im Bereich dieses Feldes wahrzunehmen sind, scheinen mir darauf hinzudeuten, daß bei K 8 die Bildung des Cavum septi pellucidi bereits im Gange ist.[1]

Die Entfernung b beträgt bei K 8 bereits 11·7 mm und die Distanz zwischen Zirbelanlage und Schädeldach 13 mm. An die Zirbel okzipital angeschlossen sieht man wieder den Längsschnitt durch die V. cerebralis magna, die sich in den in die Tentoriumplatte eingelagerten Sinus rectus fortsetzt. Derselbe ist bis an die Stelle heran zu verfolgen, an welcher die Tentoriumplatte keilförmig wird. Die aus dem Dache des Mittelhirns hervorgegangene Vierhügelplatte erscheint, verglichen mit anderen, sehr viel stärker wachsenden Hirnteilen, im Wachstum so stark zurückgeblieben, daß man fast auf die Idee kommen könnte, sie sei kleiner geworden. In der Tat ist dies jedoch keineswegs der Fall, denn sie wächst stetig, doch überaus langsam. Ihre Länge beträgt, von der Commissura caudalis bis zum vorspringendsten Punkt des kaudalen Mittelhirnblindsackes gemessen, bei K 1 5·8 mm und bei K 8 7·5 mm. Ihre Längenzunahme bei dem letzteren, der annähernd dreimal so lang ist wie K 1, beträgt also nur 1·7 mm.

Das wesentlich mächtiger gewordene Kleinhirn überragt jetzt hinterhauptwärts den kaudalen Mittelhirnblindsack um ein geringes und erscheint dadurch der Innenfläche des Schädels etwas nähergerückt. Die Chiasmaplatte hat sich vom Schädelgrund weiter etwas entfernt und der Trichterfortsatz des Zwischenhirnbodens ist länger geworden. Doch ist die Entfernung des tiefsten Punktes seiner Lichtung von dem Recessus inframamillaris um 0·1 mm größer als bei K 7. Die Distanz zwischen Scheitelrand der Brücke und dem durch den Recessus inframamillaris hervorgerufenen Vorsprung ist um 0·5 mm größer geworden. Dabei liegt dieser Rand der Dorsumrandebene näher als bei K 7. Der Zwischenraum zwischen der Vorwölbung der Brücke und dem Duraüberzug des Clivus hat sich auf 1 mm verringert. Die Entfernung a beträgt 3·25 mm.

K 9. (Abb. 12.)

Auch die Verhältnisse des Medianschnittes durch den Kopf des Keimlings 9 von 105 mm S. S. Länge (vgl. Abb. 12, Tafel 6) unterscheiden sich nur wenig von denen des K 8. Natürlich hat die Entfernung b wieder zugenommen. Sie beträgt 12·5 mm, während die Entfernung Schädeldach—Zirbel auf 15·5 mm angewachsen ist. Auch der Balkendurchschnitt ist in sagittaler Richtung wieder etwas länger geworden. Man hat bei seiner Betrachtung bereits den Eindruck, als würde sich sein Spleniumteil gegen das vorgewölbte Zwischenhirndach hin zurückschieben. Das dreiseitig begrenzte Durchschnittsfeld der Anlage des Septum pellucidum mit seinem an die Commissura rostralis angeschlossenen spitzen Winkel zeichnet sich deutlich ab. Es zeigt noch keinerlei Zeichen von Zerklüftung. Auffallend ist die Zunahme der Entfernung zwischen dem vorspringendsten Punkt der parietalen Fläche der Balkenanlage und dem basialen Rande der Chiasmaplatte. Dieselbe beträgt bei K 7 8 mm und ist bei K 9 bereits auf 9 mm angewachsen. Diese Zunahme bedeutet zweifellos, daß alle seitlich an die Lamina terminalis und die Kommissurenplatte angeschlossenen Hirnteile in der Richtung gegen das Schädeldach zu stärker gewachsen sind als beispielsweise der frontalste Teil des Thalamus. Dies hat zur Folge, daß die Balkenanlage allmählich über den Horizont des Foramen interventriculare emporgehoben wird und sich bei ihrem weiteren, parallel mit der Massenzunahme der Wand der Hemisphärenblasen, in die ja ihre Fasern einstrahlen, vor sich gehenden Längenwachstum über das Thalamusgebiet und die dünne Decke der 3. Hirnkammer mittelhirnwärts zurückschieben kann. Welche Veränderungen sich dabei an dieser dünnen Decke abspielen, läßt sich natürlich im einzelnen recht schwer feststellen.

---

[1] Nach den von mir gemachten Beobachtungen beginnt dieser Prozeß durchaus nicht immer so frühzeitig. Dies zeigen die Abb. 12—14 auf Tafel 6, die sich auf wesentlich ältere Keimlinge beziehen.

Dem K 8 gegenüber fällt die Schiefstellung des etwas verlängerten Hirntrichters und seine Annäherung an den Recessus inframamillaris auf. Die Entfernung zwischen dem letzteren und dem tiefsten Punkt des Trichterlumens beträgt 1·5 mm. Dabei sind der Recessus und die Eminentia saccularis besonders gut ausgebildet. Der Scheitelrand der Brücke reicht noch nicht an die Dorsumrandebene heran, doch liegt er ihr schon ziemlich nahe. Mit der ziemlich starken Neigung des Clivus, der Clivuswinkel mißt 113°, haben die im vorausgehenden geschilderten Erscheinungen nichts zu tun. Der Abstand der Brücke vom Duraüberzug des Clivus hat weiter abgenommen; er beträgt nur noch 0·5 mm. Das Kleinhirn ragt über den kaudalen Mittelhirnblindsack wieder um ein gutes Stück weiter hinterhauptwärts hinaus. Sehr schön sieht man, wie der an die Zirbel anschließende, etwas zusammengedrückte, längsgeschnittene Stamm der V. cerebralis magna scheinbar bis an die Kante des Tentoriumkeiles heranreicht. Da aber so wie bei K 8 frontal an diese Kante der bereits wohlausgebildete mediane Teil der Tentoriumplatte anschließt, handelt es sich bei dem in diese Platte eingeschlossenen, die Fortsetzung der V. cerebralis magna darstellenden Gefäßstamm um den Sinus rectus. Bei dem eingehenden Studium der Abb. 12 glaubte ich, auch die bei K 7 entdeckte, die Balkenanlage umgreifende, die Hauptwurzel der V. cerebralis interna bildende Vene wieder wahrnehmen zu können. Und in der Tat ergab sich bei der Untersuchung des Präparates die Richtigkeit meiner Wahrnehmung und daß die Vene, was auch die Abbildung erkennen läßt, über dem Balkenwulst etwas angeschnitten sei. Da ich ferner an der Frontalschnittreihe durch den Kopf des Keimlings Ke 3 von 104 mm S. S. Länge meiner Sammlung die gleiche Vene[1] über die ganze Balkenanlage hinweg bis zu ihrer Mündung in die V. cerebralis interna verfolgen konnte, unterliegt es für mich kaum mehr einem Zweifel, daß diese Vene in der Regel vorkommt, aber sich, wenn sie nicht blutgefüllt oder stark ausgedehnt ist, der Beobachtung leicht entziehen kann. Der Umstand, daß bei Ke 3 ihre Wand mit dem balkenwärts gerichteten Teil des Randes der aus dem Septum leptomeningicum interhemisphaericum hervorgegangenen Falxplatte[2] zusammenhängt, scheint mir jedenfalls dafür zu sprechen, daß meine, S. 19 geäußerte Meinung, die Vene dürfte als Anlage des Sinus sagittalis zu betrachten sein, richtig ist.

K 10. (Abb. 13.)

Wie der Vergleich der Abb. 13 mit Abb. 12 lehrt, handelt es sich bei dem Keimling 10 von 111 mm S. S. Länge um einen solchen, dessen Körperlänge zwar größer war als die des K 9, der aber einen wesentlich kleineren Kopf besaß. Dabei ist jedoch, wenn ich von seinen Großhirnhemisphären absehe, sein übriges Gehirn dem von K 9 gegenüber nicht unwesentlich weiter in der Entwicklung fortgeschritten. Daß seine Großhirnhemisphären weniger umfangreich, also denen des K 9 gegenüber anscheinend in der Entwicklung zurückgeblieben sind, beweist die geringe Entfernung des Schädeldaches von der Zirbel, die nur 12·5 mm beträgt, also um 3 mm kürzer ist wie bei K 9, und die Entfernung b, die allerdings nur um 0·3 mm kürzer ist wie die gleiche Entfernung von K 9, obwohl die Länge des Durchschnittes der Balkenanlage von K 10 3·4 mm beträgt, also um 0·4 mm größer ist als die von K 9. Auch die Distanz zwischen Chiasmaplatte und parietaler Fläche der Balkenanlage ist wieder größer wie bei K 9, denn sie beträgt 9·5 mm. Der Spleniumteil der Balkenanlage scheint nun schon deutlich über das Foramen interventriculare hinweg hinterhauptwärts gegen das vorgewölbte Zwischenhirndach vorgeschoben. Das Septumfeld des Durchschnittes der Kommissurenplatte läßt noch keinerlei Lückenbildung erkennen. Die Einstellung des Trichters ist eine

---

[1] An dem in Fig. 123 auf Tafel 25 (H. A. 1. T.) abgebildeten, in der Gegend des Balkens geführten Frontalschnitte durch das Gehirn dieses Keimlings ist diese Vene quer getroffen. Sie liegt rechts von der Medianebene, diese tangierend, und entsteht scheitelwärts von der Anlage, des Balkenknies aus zwei Ästen, von denen jeder mit Zweigen an der medialen Wand des Stirnteiles der betreffenden Hemisphäre entspringt. Die Vene mündet in die rechte V. cerebralis interna.

[2] Vgl. über die Entwicklung dieser Platte das 1939 auf S. 454 bis 462 Gesagte.

ähnliche wie bei K 9, doch ist die Entfernung des tiefsten Punktes seines Lumens vom Recessus inframamillaris größer als bei K 9, denn sie beträgt 1·7 mm. Dabei liegt aber die dem Recessus entsprechende Vorwölbung dem Rande des Dorsum sellae sehr viel näher als bei K 9. Der Scheitelrand des Durchschnittes der Brücke befindet sich in etwas größerer Entfernung von der Dorsumrandebene wie bei K 9, obwohl die Entfernung a bei beiden Keimlingen gleich groß ist; sie beträgt bei beiden 2 mm. Dabei ist der Längsdurchmesser der Brücke von K 10 größer als der von K 9 und die Entfernung der Brücke vom Clivus gleichfalls. Der Clivuswinkel von K 10 mißt 112°. Die Lage von Kleinhirn und kaudalem Mittelhirnblindsack ist ziemlich die gleiche wie bei K 9.

K 11. (Abb. 14.)

Das Bild des Medianschnittes durch den Kopf des Keimlings 11 (Abb. 14, Tafel 6) von 113 mm S. S. Länge, der nur um ein ganz geringes größer war als der des K 9, habe ich hauptsächlich wegen des eigenartigen Umrisses gebracht, den der Durchschnitt der Balkenanlage dieses Keimlings zeigt. An ihm ist nämlich die Anlage des Balkenknies noch recht wenig ausgeprägt, viel weniger als bei K 10. Auch steht dieselbe sehr viel näher dem Schädelgrunde als die des Spleniums, so daß die parietale Fläche des Balkens sehr stark nasionwärts geneigt ist, wodurch sich dieselbe von den gleichen Flächen des K 9 und K 10 erheblich unterscheidet. Trotzdem ist die Distanz zwischen Chiasmaplatte und dem scheitelwärts am stärksten vorspringenden Punkt der Balkenoberfläche erheblich größer als bei K 10, denn sie beträgt 11 mm. Ein Vergleich der Abb. 13 und 14 auf Tafel 5 ergibt, daß die Vergrößerung dieser Distanz hauptsächlich auf ein vermehrtes Höhenwachstum des Teiles der Kommissurenplatte zurückzuführen ist, der zwischen der Commissura rostralis und dem Balken liegt und an dem Medianschnitt als Septumfeld aufscheint. Damit im Zusammenhang scheint auch zu stehen, daß bei K 11 der vertikale Durchmesser des Foramen interventriculare besonders groß, jedenfalls etwas größer als bei K 9 und sehr viel größer als bei K 10 erscheint. Im Bereich des Septumfeldes ist noch nichts von Lückenbildung wahrzunehmen. Die Entfernung b beträgt bei K 11 nur 11·5 mm, während die Entfernung Schädeldach—Zirbel 14·5 mm ausmacht. Dies deutet darauf hin, daß bei K 11 der Stirnteil der Hemisphäre noch lange nicht die Mächtigkeit erreicht hat wie bei K 9 und daß auch der übrige Teil der Hemisphäre dem von K 9 gegenüber noch immer in der Ausbildung etwas zurück ist.

Während an dem Präparat des K 10 (vgl. Abb. 13) das Zwischenhirndach etwas beschädigt war, so daß man den Grad seiner Vorwölbung nicht recht beurteilen konnte, erscheint dasselbe bei K 11 gleichmäßig stark gewölbt, so daß die Oberfläche des Recessus suprapinealis hinterhauptwärts annähernd halbkugelig vorragt. Der Scheitelrand der Brücke tangiert die Dorsumrandebene. Dies kann jedoch, ebenso wie der Umstand, daß die Distanz Scheitelrand der Brücke und Corpus mamillare bei K 11 kleiner ist als bei K 10, nicht etwa auf eine größere Länge des Brückendurchschnittes zurückgeführt werden, denn diese Länge ist bei beiden Keimlingen die gleiche. Vielmehr erscheint das Rautenhirn etwas in der Richtung gegen den Hiatus sphenotentorialis emporgeschoben, was auch dadurch zum Ausdruck kommt, daß die Tentoriumrandebene das Mittelhirn wesentlich weiter kaudal durchschneidet als bei K 9 und K 10. Trotzdem hat sich aber an der Entfernung a nichts geändert, sie beträgt auch bei K 11 noch 2 mm. Sein Clivuswinkel beträgt 122°.

Während bei K 9 die Bildung der sehnigen Sichelplatte im Anschlusse an die Sichelleiste noch in vollem Gange war und die Sichel okzipital, dort wo sie mit dem Tentorium zusammenhängt, schon eine Breite von 10 mm hat, ist ihre Differenzierung bei K 11 bereits wesentlich weiter fortgeschritten. Denn der Stirnteil der Platte hat bei ihm schon eine Breite von 2·5 mm, die in der Scheitelgegend auf 5 mm anwächst, um dort, wo die Sichelplatte mit dem Zelt zusammenhängt, bereits 15 mm zu erreichen. Dabei steht aber begreiflicherweise ihr Rand noch weit von der parietalen Fläche des Balkens ab. Frontal und parietal vom Balken ist wieder (vgl. Abb. 14) die ihrer Länge nach durchschnittene, als Anlage des Sinus sagittalis inferior bezeichnete Vene zu sehen. Dieselbe nähert sich während ihres bogenförmigen Verlaufes der Oberfläche des Balkens immer mehr, um schließlich okzipital vom Splenium diesem dicht angelagert zu verschwinden. Offenbar mündet sie hier in die seitlich gelegene V. cerebralis interna.

K 12. (Abb. 15.)

K 11 gegenüber ist an dem Gehirn des Keimlings 12 von 122 mm S. S. Länge (vgl. Abb. 15 auf Tafel 6) wieder ein deutlicher Fortschritt in der Entwicklung zu verzeichnen. Derselbe betrifft vor allem die Balkenanlage, deren Durchschnitt K 11 gegenüber fast um 1 mm an Länge zugenommen hat. An dem Durchschnitt erscheint besonders das Balkenknie deutlicher ausgeprägt. Auch liegt es etwas höher, also entfernter vom Schädelgrund als bei K 11. Der vorspringendste Punkt der parietalen Fläche des Balkens, ich bezeichne denselben als seinen Scheitelpunkt, ist von dem Horizont des parietalen Randes des Foramen interventriculare bereits 5·2 mm entfernt, während die gleiche Entfernung bei K 11 nur 2·5 mm beträgt. Dies hängt zum Teil damit zusammen, daß die Entfernung Chiasmaplatte—Balkenscheitelpunkt sich K 11 gegenüber auf 12·6 mm vergrößert hat. Davon entfällt auf die Entfernung Commissura rostralis—Balkenscheitelpunkt 7 mm, während die gleiche Entfernung bei K 11 nur 5·5 mm ausmacht. Es hat sich somit die Höhe des Septumfeldes bei K 12 der von K 11 gegenüber beträchtlich vergrößert. Dabei ist dieses Feld bei K 12 schon völlig zerklüftet, das heißt, der Prozeß der Bildung des Cavum septi pellucidi ist nicht nur schon in vollem Gange, sondern auch schon ziemlich weit fortgeschritten. Die Balkenanlage hat sich außerdem schon ziemlich weit in okzipitaler Richtung über das Zwischenhirndach hinterhauptwärts hinweggeschoben, was zur Folge hat, daß der geradlinige Durchschnitt der an das Splenium anschließenden, die okzipitale Wand des Cavum septi pellucidi bildenden Verbindungsplatte der beiden Fornices von der Gegend der Commissura rostralis aus schief scheitelwärts aufsteigt und infolgedessen auch der ihr dicht anliegende, mit Plexuszotten und Falten dicht besetzte frontale Abschnitt der dünnen Zwischenhirndecke die gleiche Einstellung zeigt. Der letztere ist gegen den übrigen Teil dieser Decke unter einem Winkel von etwa 95° abgeknickt.

Die Entfernung *b* beträgt bei K 12 13·3 mm, die der Zirbel vom Schädeldach 17·3 mm. Das Chiasma fasc. opt. hat sich weiter vom Schädelgrund entfernt und der Hirntrichter ist infolgedessen wieder länger geworden. An seiner Entfernung vom Recessus inframamillaris hat sich K 11 gegenüber indessen nichts geändert. Der Clivuswinkel beträgt 119°. Das Scheitelende der Brücke tangiert die Dorsumrandebene und ist vom Corpus mamillare 3·3 mm entfernt. Bemerkenswert ist die Zunahme der Entfernung *a*, des tiefsten Punktes der Fossa intercruralis vom Rande des Dorsum sellae auf 3·7 mm. Diese Entfernung hatte nämlich in der Reihe der untersuchten Keimlinge von K 1 bis K 9 ziemlich gleichmäßig von 4 mm auf 2 mm abgenommen, blieb dann bei K 10 und K 11 stationär, um nun bei K 12 plötzlich wieder größer zu werden, ein Größerwerden, das, wie sich aus dem nachfolgenden ergeben wird, ohne Unterbrechung weitergeht.

Die Differenzierung der fibrösen Sichelplatte erscheint bei K 12 bereits beendigt zu sein, denn sie hat bei ihm den Grad erreicht, den sie im besten Falle erreichen kann, insofern nämlich, als sie durchwegs sehnig ist, keinerlei Fensterung zeigt und daß ihr Rand die parietale Fläche des Balkens und an diese anschließend die dünne Zwischenhirndecke beinahe berührt. Die sehnige Falxplatte schließt okzipital an den bereits gebildeten Teil der Tentoriumplatte und an den noch keilförmigen Teil der Tentoriumanlage an, dessen Durchschnitt an Abb. 15 deutlich hervortritt. Was nun diesen noch keilförmigen Teil anbelangt, so möchte ich hier hervorheben, daß sich aus ihm, der sich häufig bis nahe an das Foramen occipitale heran erstreckt, nicht nur der Ansatzteil der Tentoriumplatte, der okzipitalste Teil der Hirnsichel und ein Teil der duralen Auskleidung des die Enden der Hinterhauptslappen der Großhirnhemisphären beherbergenden Abschnittes der Pars major des Cavum durae matris bildet, sondern daß aus seinem der Pars minor cavi durae matris zugewendeten Abschnitt die Falx cerebelli und ein Teil der duralen Auskleidung der Fossae cerebellares occipitales entsteht.[1] Wie bekannt, ist die Ausbildung des als Kleinhirnsichel bezeichneten Fortsatzes der harten Hirnhaut sehr variabel. Sowohl seine Höhe bzw. Breite wie seine Länge, das heißt, wie weit er sich gegen das Foramen occipitale magnum herab erstreckt, ist sehr wechselnd und hängt offenbar von der Mächtigkeit des der Pars minor cavi durae matris zugewendeten Abschnittes des Tentoriumkeiles ab, aus dem er hervorgeht.

Bei K 12 ist nun auch deutlich zu erkennen (vgl. Abb. 15), wie weit die V. cerebralis magna reicht und wo dieselbe in den Sinus rectus mündet. Man sieht also jetzt erst, wie kurz diese Vene eigentlich ist. Ob die als Anlage des Sinus sagittalis inferior bezeichnete Vene in dem Rande des an die Balkenanlage angrenzenden Sichelstückes liegt, also bei der Bildung der fibrösen Sichelplatte von den Fasern dieser Platte umschlossen wurde, ließ sich an dem Präparat nicht feststellen.

K 13. (Abb. 16.)

Die Kopfform des Keimlings 13 von 144 mm S. S. Länge (vgl. Abb. 16 auf Tafel 7) ist eine wesentlich andere als die Kopfform des K 12 und die der diesem in der Reihe vorausgehenden Keimlinge. Sein Balken ist in der Entwicklung auch wieder weiter fortgeschritten als bei K 12. Das heißt, er ist vor allem wesentlich länger geworden. Während der Balken von K 12 6 mm lang war, ist seine Länge bei K 13 bereits auf 9·3 mm angewachsen. Dabei hat er sich aber nicht sehr viel weiter in okzipitaler Richtung über das Zwischenhirndach vorgeschoben. Seine Längenzunahme ist also vor allem dadurch bedingt, daß sein Knie frontal stärker ausladet wie bei K 12. Damit steht wohl auch im Zusammenhang, daß die Entfernung b, vom Balkenknie bis zur Stirnbeinanlage gemessen, bei beiden Keimlingen die gleiche ist. Freilich ist auch der Sehhügel und das Zwischenhirndach etwas länger geworden, was daraus hervorgeht, daß die Distanz zwischen der Säule des Fornix und der Commissura caudalis bei K 12 6·6 mm und bei K 13 8 mm beträgt. Jedenfalls scheint mir nach dem, was ich bei K 13 und den nächstjüngeren untersuchten Keimlingen sehe, kein Zweifel darüber zu bestehen, daß die Längenzunahme des Balkens gleichen Schritt mit dem Wachstum der Hemisphären hält und daß also der Umstand, daß sich das Balkenknie der Frontalebene gegenüber, in der das Foramen interventriculare liegt, in frontaler Richtung vorgeschoben zu haben scheint, in der Tat nur darin besteht, daß die Hemisphärenteile, die zwischen dieser und der das Balkenknie tangierenden Frontalebene liegen, entsprechend stärker wachsen, während dies von den frontal vom Balkenknie gelegenen Hemisphärenteilen, nachdem die Entfernung b die gleiche geblieben ist, nicht behauptet werden kann. Dabei zeigt die Entfernung b bei den Keimlingen von 30 bis 105 mm S. S. Länge eine mehr oder weniger gleichmäßige Zunahme, bleibt aber bis zu einer S. S. Länge von 180 mm annähernd stationär, um dann erst wieder rascher anzuwachsen. Denn bei der Verringerung, welche die Entfernung b bei den Keimlingen 10 und 11 zeigte, dürfte es sich doch wohl nur um zwei Fälle einer individuellen Abweichung von der Norm handeln. Jedenfalls wächst in dieser Zeit der frontal vom Balkenknie befindliche Abschnitt der Hemisphäre in sagittaler Richtung so gut wie gar nicht. Dagegen ist im übrigen das Wachstum der Hemisphären in keiner Weise beschränkt, was auch aus der vergrößerten Distanz der Zirbel vom Schädeldach hervorgeht, die bei K 13 bereits auf 19·6 mm angewachsen ist.

Auch die Entfernung Chiasmaplatte—Scheitelpunkt des Balkens hat weiter zugenommen; sie beträgt 16 mm. Davon entfallen auf die Entfernung Commissura rostralis und Balkenscheitelpunkt 10 mm. Das heißt, die Höhe des Septumfeldes ist wieder größer geworden. Was aber den Entwicklungszustand des Cavum septi pellucidi anbelangt, so ist zu bemerken, daß von einer einheitlichen Höhle im Septum noch nicht gesprochen werden kann. Es sind im

---

[1] Ich habe 1939 leider unterlassen, diese Tatsache besonders hervorzuheben.

basialen Bereich des Septumfeldes, das mit einem spitzen Winkel an die Commissura rostralis angeschlossen ist, zwei nicht gerade besonders umfangreiche spaltförmige Räume ausgebildet, von denen der größere an den basialen Teil des Balkenschnabels, der kleinere, längliche, durch eine dünne Scheidewand von dem größeren getrennt, an die Verbindungsplatte zwischen den beiden Fornices angeschlossen ist, während das an den Balkendurchschnitt angeschlossene im ganzen übrigen, ziemlich umfangreichen Teil des Septumfeldes schwammigen Charakter zeigt. Das besagt, 'daß in diesem Septumteil die Hohlraumbildung ihr Anfangsstadium noch nicht überschritten hat.

Zur Erklärung dessen, was an der Abb. 16 in dem scheitelwärts vom Balken und vom Zwischenhirndach gelegenen Felde zu sehen ist, sei folgendes bemerkt. Der Schnitt der im allgemeinen etwas seitlich von der Mitte geführt ist, hat scheitelwärts vom Balkenwulst die Sichelplatte tangential so getroffen, daß ihr der parietalen Fläche des Balkens benachbarter Randteil und in dem kleinen über dem Balkenkörper und dem größeren über dem Balkenwulst und okzipital von ihm befindlichen unregelmäßig begrenzten Gebieten zwei größere Abschnitte der sehnigen Sichelplatte fortgeschnitten wurden, während dieselbe weiter okzipital und dort, wo sie mit dem Tentorium zusammenhängt, nicht weiter verletzt erscheint. Die an der Abbildung dunkle, fast schwarze, okzipital vom Balkenwulst befindliche, basial an das dünne Zwischenhirndach anschließende und scheitelwärts gegen den Rand der Sichel scharf abgegrenzte Zone bezeichnet den Verlauf der V. cerebralis interna, in deren leptomeningealer Umhüllung sich ein Bluterguß ausgebreitet hatte. An die Zirbel grenzt okzipital das etwas schief der Länge nach angeschnittene Lumen der V. cerebralis magna an, das dort endigt, wo diese Vene in den Sinus rectus, der aber nicht mehr vom Schnitt getroffen wurde, mündet. Unmittelbar über dem parietalen Rande des Balkendurchschnittes scheint mir der Längsschnitt einer Vene zu liegen, die als Anlage des Sinus sagittalis inferior zu bezeichnen wäre, doch ließ sich ihr Zusammenhang mit der V. cerebralis interna wegen der vorhandenen Blutgerinsel in der Umgebung dieser Vene nicht mehr feststellen. Jedenfalls besitze ich aber das Präparat eines Medianschnittes durch den Kopf eines fast gleichaltrigen Keimlings von 143 mm S. S. Länge,[1] bei dem ich diese in den Rand der sehnigen Sichelplatte eingelassene, zum Teil mit Blutgerinseln gefüllte Vene von ihren basial vom Balkenknie an der medialen Fläche der Hemisphäre gelegenen Wurzelzweigen an über die ganze Länge der Balkenanlage hinweg bis an die dünne Decke des Zwischenhirns heran verfolgen kann. An dieser Stelle verschwindet sie dann seitlich vom Zwischenhirndach und findet ihre Fortsetzung in der V. cerebralis interna. Nach dieser Beobachtung bin ich nun vollkommen sicher, daß sich der Sinus sagittalis inferior aus der bei K 7 (vgl. Abb. 10 auf Tafel 5) erstmalig von mir beobachteten, in die V. cerebralis interna mündenden Vene entwickelt.

Die Chiasmaplatte ist vom Perichondrium des Schädelgrundes 0·9 mm weit entfernt. Aus diesem Grunde erscheint der Trichter, der leider ziemlich weit seitlich getroffen ist, besonders gestreckt. Die Entfernung a des Scheitelpunktes der Fossa intercruralis vom Rand des Dorsum sellae beträgt 4·6 mm. Der Scheitelrand der Brücke überragt die Dorsumrandebene um etwa 0·3 mm. Dies erweckt den Eindruck, als wäre die Brücke mit den an sie angeschlossenen Hirnteilen im Begriff, sich am Clivus etwas scheitelwärts vorzuschieben. Der Cliviuswinkel beträgt 122°. Auffallend groß ist der Zwischenraum zwischen dem Tentorium einer- und der Vierhügelplatte und dem Kleinhirn anderseits.

K 14. (Abb. 17.)

Trotzdem der Keimling 14 von 147 mm S. S. Länge (vgl. Abb. 17 auf Tafel 7) nur um 3 mm länger war als K 13 und auch sein Hirnschädel kaum umfangreicher gewesen sein dürfte als der von K 13, ist sein Gehirn doch wesentlich weiter entwickelt als das des letzteren. Diese Weiterentwicklung prägt sich am besten an den Verhältnissen des Hirnbalkens aus,

---

[1] Er war leider im übrigen nicht so gut gelungen, daß sich sein Lichtbild zur Wiedergabe geeignet hätte.

der bereits eine Länge von 14 *mm* hat und sich infolgedessen schon über mehr als die Hälfte der Länge des Zwischenhirndaches mittelhirnwärts vorgeschoben hat. Dabei wurde dieses Dach durch die am Splenium haftende Verbindungsplatte zwischen den beiden Fornices, die jetzt in der Mitte, wegen der Ausbildung des Cavum septi pellucidi, mit dem Balkenkörper auch indirekt nicht mehr zusammenhängt, mit der bei der Überwachsung des Zwischenhirndaches durch den Balken entstandenen Tela chorioidea prosencephali gegen die 3. Hirnkammer herabgedrückt. Nur okzipital vom Balkenwulst wölbt sich das Zwischenhirndach womöglich noch etwas stärker vor, als es bei jüngeren Keimlingen in dem Gebiete vorgewölbt war, wobei man den Eindruck hat, als würde dasselbe durch den andrängenden Balkenwulst in okzipitaler Richtung etwas eingebuchtet werden. Jedenfalls bildet okzipital vom Balken der schädeldachwärts gerichtete Oberflächenteil dieses Daches die direkte Fortsetzung der parietalen Fläche des Balkens. Diese Einstellung bedingt natürlich auch die stärkere Ausladung des Recessus suprapinealis.

Das Cavum septi pellucidi besteht aus zwei getrennten größeren spaltförmigen Räumen. Der kleinere von den beiden liegt scheitelwärts von der Commissura rostralis und ist annähernd dreiseitig begrenzt, während der andere, ungleich viel größere, parietal von ihm gelegene, durch einen sagittal eingestellten Streifen noch nicht zerstörter Septumsubstanz von ihm getrennte, das ganze Areal zwischen Balkenknie, Balkenkörper und Balkenwulst einnimmt. Doch ist die Seitenwand dieses Raumes besonders im Bereich seines okzipitalen Abschnittes noch mit zahlreichen Bälkchen und Fäden besetzt, zwischen denen seichte Buchten des Hohlraumes festzustellen sind.

Die Entfernung *b* beträgt wieder 13·3 *mm*, die kürzeste Entfernung Zirbel—Schädeldach hingegen 20 *mm* und die Distanz Chiasma—Balkenscheitelpunkt 16·6 *mm*. Auch die Entfernung zwischen dem Chiasma und dem Perichondrium von 1·6 *mm* ist wieder etwas größer wie bei K 13. Das Infundibulum und die Hypophyse sind genau median durchschnitten und deshalb der Processus infundibularis der Adenohypophyse besonders schön zu sehen. Ebenso ist die Falte des Zwischenhirnbodens, welche die okzipitale Wand des Trichters von der Eminentia saccularis trennt, gut ausgeprägt. Ihre Entfernung vom Recessus inframamillaris beträgt 1·3 *mm*. Der Scheitelrand der Brücke überragt die Dorsumrandebene um etwa 0·1 *mm* und die Entfernung *a* beträgt 4·6 *mm*. Die Clivusebene hat eine Neigung von 118°.

Okzipital von der Zirbel ist die V. cerebralis magna eine kurze Strecke weit seitlich angeschnitten. In der Fortsetzung ihres Lumens, das in der Abb. 17 schwarz erscheint, erkennt man einen lichten Streifen, der dort endigt, wo der Rand der Großhirnsichel mit dem Durchschnitt der Tentoriumplatte zusammentrifft. Dieser lichte Streifen entspricht der vorgewölbten Wand der V. cerebralis magna, die dort, wo der Streifen endigt, in den Sinus rectus mündet. An den Scheitelrand des Balkenkörperdurchschnittes unmittelbar angeschlossen ist wieder der in den Sichelrand eingebettete längsgeschnittene Sinus sagittalis inferior zu sehen, der dort verschwindet, wo sich der Balkenwulst der dünnen Zwischenhirndecke anschmiegt.

K 15. (Abb. 18.)

Bei dem Keimling 15 von 180 *mm* S. S. Länge (vgl. Abb. 18 auf Tafel 7) hat der Balken das Zwischenhirndach bereits so gut wie vollständig überwachsen. Das heißt, die Frontalebene, welche sein Splenium tangiert, durchschneidet gerade noch das okzipitale Ende des Recessus suprapinealis. Merkwürdigerweise ist dieses Ende okzipital nicht blasig ausgedehnt und der Biegung der Oberfläche des Spleniums nicht angeschlossen, sondern läuft in eine Spitze aus, welche die Wand der V. cerebralis magna berührt. Die Länge des Hirnbalkens beträgt bei K 15 20·5 *mm*. Das Cavum septi pellucidi ist nun schon völlig einheitlich und seine Wände sind ganz glatt. Die Entfernung *b* beträgt nur 12·8 *mm*, was bedeutet, daß der über das Balkenknie stirnwärts hinausragende Teil des Stirnlappens der Hemisphäre verhältnismäßig besonders kurz ist. Die Entfernung der Zirbel vom Schädeldach beträgt 24 *mm*, die des Chiasmas vom Scheitelpunkt des Balkens 17 *mm* und die zwischen Chiasma und Perichondrium des Schädelgrundes 3 *mm*. Die Clivusebene hat eine Neigung von 120°. Der Scheitelrand der Brücke überragt die Dorsumrandebene um etwa 0·2 *mm* und die Entfernung *a* beträgt 5·3 *mm*.

Okzipital von der Zirbel ist die V. cerebralis magna ihrer ganzen Länge nach angeschnitten. Ihr Lumen verschwindet an der Stelle, an welcher sie in den Sinus rectus mündet. Der Durchschnitt der Tentoriumplatte und an diesen im Bereich der Schuppe des Hinterhauptsbeines anschließend der des Tentoriumkeiles sind gut zu sehen. Auch an diesem Objekt fällt so wie bei K 13 und K 14 der vorhandene mächtige, von leptomeningealem Gewebe erfüllte Zwischenraum zwischen dem Tentorium einer- und dem Mittel- und Kleinhirn anderseits auf. Verbindet man die Mündungsstelle der V. cerebralis magna in den Sinus rectus durch eine gerade Linie mit dem Rande des Dorsum sellae und markiert auf diese Weise die Lage des Hiatus sphenotentorialis, dann erkennt man sogleich, daß noch das ganze kaudale Zweihügelpaar in der vom Tentorium überdachten Pars minor cavi cranii gelegen ist, während sich noch bei Keimlingen von ungefähr 50 *mm* S. S. Länge (vgl. Abb. 7 auf Tafel 4) fast das ganze Mittelhirn in diesem Raume befindet und nur erst die Commissura caudalis in die Pars major cavi cranii hineinragt.

K 16. (Abb. 19.)

Der Keimling 16 hatte eine S. S. Länge von 200 *mm*. Sein Balken, dessen Länge 22·1 *mm* beträgt (vgl. Abb. 19 auf Tafel 7), hatte außer der ganzen Zwischenhirndecke auch schon die Zirbelanlage überwachsen, und es war auf diese Weise sein Splenium der Wand der V. cerebralis magna schon ganz nahegerückt. Dabei hatte sich aber der Recessus suprapinealis, verglichen mit den Verhältnissen etwas jüngerer Keimlinge, in einer höchst eigenartigen Weise umgestaltet. Er hat nämlich die Gestalt einer Zipfelmütze angenommen, deren spitzes Ende sich über die okzipitale Fläche des Spleniums, diesem eng anliegend, so herumgebogen hat, daß dasselbe die parietale Fläche des Balkens noch erreicht. Dabei liegt die Wand des Recessus unmittelbar okzipital von der Zirbel eine kurze Strecke weit der Wand der V. cerebralis magna eng an und entfernt sich von derselben erst dort, wo sich die frontale Wand des Recessus dem Splenium anzuschmiegen beginnt. Man hat, wenn man dieses Verhalten des Recessus sieht, den Eindruck, als wäre der okzipital am stärksten ausladende Teil seiner Wand, wie er sich uns z. B. bei K 14 (vgl. Abb. 17 auf Tafel 7) darbietet, durch einen Bindegewebszug mit dem Pia-mater-Überzug der parietalen Fläche des Balkens in Verbindung getreten und es hätte sich in der Folge bei dem weiteren Vorschieben des Balkenwulstes in okzipitaler Richtung und bei seinem Andrängen gegen die Wand des Recessus dieser Bindegewebsstrang angespannt, wobei durch den auf diese Weise auf die Wand des Recessus ausgeübten Zug die eigenartige Veränderung seiner Gestalt herbeigeführt wurde.

Freilich scheint es durchaus nicht immer zu einer derartigen Umbildung des Recessus suprapinealis zu kommen. Schon wenn man das Bild des Medianschnittes durch den Kopf von K 15 (vgl. Abb. 18 auf Tafel 7) betrachtet, kann man sich schwer vorstellen, wie sich aus dem Recessus suprapinealis dieses Keimlings der zipfelmützenförmige Recessus von K 16 gebildet haben könnte. Daß aber diese Bildung tatsächlich so erfolgen dürfte, wie ich mir dies vorgestellt hatte, scheint mir das zu beweisen, was ich an dem etwas verunglückten Medianschnitt durch den Kopf eines Keimlings von 170 *mm* S. S. Länge sehe. Verunglückt war der Schnitt insofern, als er nur im Gebiete des Balkenkörpers, Balkenwulstes, der Zirbel sowie des Mittel- und Kleinhirns wirklich ziemlich die Mitte getroffen hatte, während das Balkenknie, die Trichtergegend und der Hirnanhang seitlich von der Mitte durchschnitten worden waren. Das Präparat eignete sich also nicht zu einer photographischen Wiedergabe im ganzen. Wohl aber habe ich die mir wichtig erscheinenden Teile des Präparates in dem Lichtbilde der Abb. 21 (auf Tafel 8) wiedergegeben. An diesem Bilde sieht man nun, daß der Balken dieses Keimlings, dessen Durchschnitt eine Länge von 19 *mm* hatte, ungefähr ebensoweit entwickelt ist wie der des K 15. Man sieht ferner, daß von der scheitelwärts gerichteten, unmittelbar okzipital vom Balkenwulst etwas ausgebuchteten Wand des Recessus suprapinealis ein Strang ausgeht, der sich dem Splenium eng anlegt und über der parietalen Fläche des Balkens verschwindet.[1] Sieht man dieses Bild, dann kann man sich schon leichter vorstellen, wie sich aus Verhältnissen, wie sie der Keimling von 170 mm S. S. Länge darbietet, Verhältnisse hätten bilden können, wie sie bei K 16 nachgewiesen werden konnten.

Der Balkendurchschnitt von K 16 zeigt die für dieses Entwicklungsstadium typische Gestalt. Das Cavum septi pellucidi befindet sich auf dem Höhepunkt seiner Ausbildung. Es ist allenthalben glattwandig und sehr geräumig, da sein Breitendurchmesser unmittelbar basial vom Balken etwa 3 mm betrug. Die Entfernung b hat bei K 16 eine Länge von 14 mm, während die kürzeste Entfernung der Zirbel vom Schädeldach 23·3 mm beträgt. Der basiale Rand des Chiasmadurchschnittes ist vom Scheitelpunkt des Balkens 17·4 mm und vom Perichondrium des Schädelgrundes 2·6 mm entfernt. Vergleicht man die Stellung des Trichterfortsatzes der Keimlinge 14 und 16 (Abb. 17 und 19), so bemerkt man, daß dieselbe eine etwas andere geworden ist. Das heißt, während bei K 14 der Trichter noch etwas schief eingestellt erscheint, was vor allem mit der schiefen Richtung seiner frontalen Wand zusammenhängt, die von der Chiasmaplatte aus schief basial und okzipital abfällt, steht diese Wand bei K 16 annähernd vertikal. Die gleiche Einstellung dieser Wand ist auch bereits bei K 15 zu verzeichnen, nur fällt sie bei ihm weniger auf, weil bei ihm das Infundibulum nicht ganz axial durchschnitten ist. Vergleicht man nun den Durchschnitt des Infundibulums von K 16 (Abb. 19) mit dem von K 14 (Abb. 17) genauer, dann fällt einem weiter auf, daß die okzipitale Wand des Trichters unmittelbar an das Corpus mamillare anstößt und nur durch den Recessus inframamillaris gegen dasselbe abgegrenzt erscheint, während bei K 14 zwischen diese Wand und das Corpus mamillare jener basial ausgebuchtete Teil des Zwischenhirnbodens eingeschaltet erscheint, welcher der Eminentia saccularis der äußeren Oberfläche dieses Bodens entspricht. Das heißt, es ist bei K 16 dieser bis dahin deutlich gegen das Infundibulum abgegrenzte Abschnitt des Zwischenhirnbodens verschwunden, bzw. in den bei K 16 an das Corpus mamillare angeschlossenen Teil der okzipitalen Wand des Trichters umgebildet worden. So kommt es, daß bei Keimlingen, die eine größere S. S. Länge als 160 mm haben, in der Regel weder von dem Recessus noch von der Eminentia saccularis mehr etwas zu sehen ist.

Interessant ist, daß bei einigen Säugetieren, wie beim Hund und bei der Katze, zeitlebens Verhältnisse des Trichters bestehen bleiben (vgl. Hochstetter 1943, Abb. 29 auf Tafel 5 und die Abb. 34 und 35 auf Tafel 6), wie sie bei menschlichen Keimlingen von 100 bis 120 mm S. S. Länge nachzuweisen sind (vgl. die Abb. 11 bis 13 auf Tafel 5 und 6), oder gar wie beim Reh (vgl. Hochstetter 1943, Abb. 42 auf Tafel 7), der Trichter auf einer Stufe der Entwicklung stehen geblieben ist, wie ich sie bei Keimlingen von 38 bis 51 mm S. S. Länge (vgl. Abb. 5—7 auf Tafel 4) beobachten konnte, während wieder beim Delphin (vgl. Hochstetter 1943, Abb. 44 auf Tafel 8) Verhältnisse der okzipitalen Wand des Trichters vorliegen, die denen des erwachsenen Menschen überaus ähnlich sind.

Auffallend sind im Vergleich mit denen von K 15 die Lageverhältnisse der Brücke und des Mittelhirns. Die Brücke überragt nämlich mit ihrem Scheitelende die Dorsumrandebene scheitelwärts um 2·3 mm, und die letztere durchschneidet dorsal den Ansatz des Velum medullare an der Vierhügelplatte. Es liegt also die letztere ganz scheitelwärts von dieser Ebene, die auch noch die Kleinhirnoberfläche tangiert. Im Zusammenhang mit diesem Hochstande des Rauten- und Mittelhirns steht auch die Größe der Entfernung a; sie beträgt 6·6 mm.

---

[1] An dem Präparat (vgl. Abb. 21 auf Tafel 8) hatte sich die Tela chorioidea prosencephali von der basialen Seite des Balkens und der Verbindungsplatte zwischen den beiden Fornices abgelöst, und so war der an der Abbildung sichtbare, breite Spaltraum über der mit der Tela chorioidea innig verbundenen dünnen Zwischenhirndecke entstanden. Es handelt sich bei demselben natürlich um ein bei der Konservierung zustande gekommenes Artefakt.

Bemerkenswert ist dabei, daß trotz dieses scheinbaren Hochstandes des Mittelhirns das kaudale Zweihügelpaar doch noch ganz kaudal von der Linie liegt, welche auf dem Medianschnitt die Lage des Hiatus sphenotentorialis bezeichnet. Der Clivuswinkel von K 16 mißt 117°.

K 17. (Abb. 20.)

Bei dem ältesten Keimling der Reihe, auf die ich mich hier beziehe, K 17 von 210 mm S. S. Länge, hat sich der Balken mit seinem Splenium schon so weit hinterhauptwärts vorgeschoben, daß er nahezu seine definitiven Beziehungen zum okzipitalen Ende der Sichel und dem Rande des Tentoriums erlangt hat. Leider war bei der Herstellung des Präparates die V. cerebralis magna, deren Wand das Splenium corporis callosi beinahe schon berührte, zerstört worden. Jedenfalls befand sich ihre Mündung an der Stelle, an welcher der Sinus sagittalis inferior unter einem ganz stumpfen, scheitelwärts offenen Winkel in den Sinus rectus mündet, weil an dieser Stelle an der mittelhirnwärts gerichteten Wand des Sinus ein deutlicher Defekt wahrzunehmen ist (vgl. Abb. 20, Tafel 8). An dem Durchschnitt des Balkens und des Septumfeldes fällt vor allem auf, daß das glattwandige Cavum septi pellucidi okzipital nicht mehr bis an das Splenium heranreicht, sondern bereits 10 mm frontal von demselben endigt. Das heißt, es hat bei diesem Keimling bereits, und zwar ausnahmsweise frühzeitig, die Reduktion dieses Hohlraumes wie gewöhnlich in der Weise begonnen, daß sich die Verbindungsplatte zwischen den beiden Fornices, welche die basiale Wand des Cavum septi bildet, vom Splenium ausgehend, an die basiale Fläche des Balkens angelegt hat und allmählich in okzipitofrontaler Richtung mit derselben verwachsen ist. Wenn ich dabei von einer ausnahmsweise früh einsetzenden Reduktion spreche, so geschieht dies, weil ich ähnliche Medianschnitte durch die Köpfe zweier noch etwas älterer Föten von 220 und 230 mm S. S. Länge besitze, bei denen dieser Reduktionsprozeß noch nicht einmal eingesetzt hatte. Auch bei K 17 ist ein zipfelmützenförmiger Recessus suprapinealis ausgebildet, der den Balkenwulst, ihm innig angelagert, umgreift. Sein spitzes Ende übergeht in einen dünnen Strang, der über der parietalen Fläche des Balkens verschwindet. Die Entfernung *b* beträgt 17 mm, die Distanz Zirbel—Schädeldach 27·5 mm. Der basiale Rand des Chiasmaplattendurchschnittes ist vom Scheitelpunkt des Balkens 21 mm und vom Perichondrium des Schädels 3·5 mm entfernt. Dabei sind die Einstellung des Trichters sowie die Verhältnisse seiner okzipitalen Wand ganz ähnlich wie bei K 16. Auch die Neigung der Clivusebene ist fast gleich. Sie ist, da der Clivuswinkel 118° beträgt, nur um einen Grad geringer.

Auch die Lage der Brücke ist bei K 17 ähnlich wie bei K 16. Ihr Scheitelende überragt nämlich die Dorsumrandebene um 2 mm. Dabei durchschneidet aber diese Ebene das Velum medullare superius fast in der Mitte seiner Länge und infolgedessen auch noch den scheitelwärts am stärksten vorspringenden Teil des Kleinhirnwurmes. Auffallend ist dabei, daß trotzdem ein etwas größerer Abschnitt der Vierhügelplatte als bei K 16 kaudal von der Verbindungslinie zwischen dem Rande des Dorsum sellae und der Mündung der V. cerebralis magna in den Sinus rectus liegt. Auffallend mächtig erscheint der Zwischenraum, welcher die Oberfläche der Vierhügelplatte und des Kleinhirns vom Tentorium trennt. Das ihn erfüllende leptomeningeale Gewebe war von zahlreichen Blutaustritten durchsetzt und wurde deshalb vor der Herstellung des Lichtbildes entfernt.

Bei den beiden im vorausgehenden erwähnten Föten von 220 und 230 mm S. S. Länge handelte es sich um zweieiige Zwillinge verschiedenen Geschlechtes. Beide zeigten ziemlich übereinstimmende Verhältnisse. Der kleinere weibliche Fötus unterscheidet sich von dem größeren männlichen wesentlich nur dadurch, daß der scheitelwärts gelegene Teil der Brücke die Dorsumrandebene nur um 2 mm überragt, während bei dem männlichen Fötus das Scheitelende der Brücke 3 mm weit über die gleiche Ebene hinausragt, und daß bei dem weiblichen Objekt die Neigung der Clivusebene 123°, bei dem männlichen hingegen nur 116° beträgt. Im Bereich des Balkenwulstes liegen bei beiden Föten ziemlich übereinstimmende Verhältnisse vor. Bei beiden besteht ein zipfelmützenförmiger Recessus suprapinealis, der, sich um den Balkenwulst herumbiegend, mit seinem zugespitzten Ende die parietale Fläche des Balkens erreicht. Bei beiden Föten schließt sich an die okzipitale Wand des Recessus die V. cerebralis magna an, die dann bei dem weiblichen Objekt in geradlinigem Verlauf dem Sinus rectus zustrebt, um unter einem rechten Winkel in denselben einzumünden, während sie sich bei dem männlichen Objekt um das Splenium herumbiegt und unter einem Winkel, der etwas kleiner ist als ein rechter, in den Sinus rectus mündet.

Leider gelang es mir trotz aller meiner Bemühungen nicht, noch ältere Föten zu beschaffen, die sich mit Rücksicht auf ihren Erhaltungszustand bei der Einlieferung nach entsprechender Konservierung zur Herstellung von brauchbaren Medianschnitten durch das Gehirn im Schädel geeignet hätten.

Über den Neigungswinkel des Clivus.

Bevor ich darangehen kann, die im vorausgehenden geschilderten Beobachtungen auszuwerten und zu erörtern, inwieweit sich aus ihnen bestimmte Schlußfolgerungen ziehen lassen, will ich nähere Angaben über die Verhältnisse machen, wie sie sich mir an den Medianschnitten durch den Schädelgrund von Keimlingen, Kindern und Erwachsenen darboten. Denn zwischen diesen Verhältnissen und den dem Schädelgrunde benachbarten Hirnteilen bestehen ja ganz bestimmte Beziehungen, von denen freilich kaum gesagt werden kann, inwieweit sich dieselben gegenseitig bedingen.

Dabelow hat sich (1931) mit diesen Beziehungen beschäftigt und einige dieselben betreffende Angaben gemacht, über die ich vorerst berichten will. Er sagt zunächst auf S. 86 über den Schädelgrund menschlicher Keimlinge: „Die Krümmungen der Basis sind embryonal anfangs sehr stark und werden später allmählich schwächer." Dann heißt es weiter S. 93 von diesen Krümmungen, die Dabelow jetzt als „Knickungen" bezeichnet, daß „1. eine flache Knickung zwischen Lamina cribrosa und Vorderrand der Ala parva ossis sphenoidalis bzw. in den mittleren Teilen der Schädelbasis zwischen Lamina cribrosa und vorderem Rand der Sella turcica" bestehe. Dann S. 94: „Eine zweite stumpfwinkelige Abknickung liegt weiter hinten, also am Dorsum sellae (s. Abb. 1—7)."[1] Es heißt ferner auf S. 94 weiter unten: „Haben wir beim Erwachsenen nur einen Winkel an dem Medianschnitt durch den Schädelgrund, nämlich denjenigen, dessen Scheitelpunkt in der Mitte des oberen Randes der Sella etwa liegt, so sind frühembryonal zwei vorhanden, und zwar außer dem erwähnten ein mehr nasal gelegener, dessen Scheitelpunkt weit vor der Hypophyse liegt." Der vordere „Knick" soll nach Dabelow später „ausnivelliert" werden. Was nun diesen „vorderen Knick" anbelangt, so ist er wohl nichts anderes als die Anlage des Limbus sphenoideus, der in der Regel beim Neugeborenen (vgl. Abb. 2 und 3 auf Tafel 2 und 3) noch sehr gut ausgeprägt ist und gewöhnlich über einer durch den Rand des Dorsum sellae gelegten Horizontalebene liegt. Er ist auch beim Erwachsenen häufig noch deutlich ausgeprägt, liegt aber freilich gewöhnlich nicht so weit über der Horizontalebene des Dorsumrandes, wie in dem Falle meiner Abb. 1 auf Tafel 1. Jedenfalls ist der Limbus sphenoideus an Dabelows Abb. 9 nur angedeutet und fehlt an seiner Abb. 10 ebenso wie der Durchschnitt des Sulcus transversus ossis sphenoidis (Sulcus fasciculi optici J. N.) völlig.

Dabelow nennt die „stumpfwinkelige Knickung" „am Dorsum sellae" „Sattelknickung", ein Ausdruck, den ich für schlecht halte, weil er irreführend ist. Denn natürlich denkt jeder, der diesen Ausdruck hört, daß es sich um eine Knickung des Schädelgrundes in der Gegend des Türkensattels handeln müsse, besonders wenn er dann bei Dabelow weiter liest: „Die Sattelknickung erreicht beim menschlichen Embryo ihre stärkste Intensität etwa im dritten

---

[1] Die Abbildungen, auf welche verwiesen wird, beweisen allerdings so gut wie gar nichts. Vor allem die Abb. 4 bis 6 nach Retzius, weil an ihnen vom Schädelgrunde überhaupt nichts zu sehen ist, und die Abb. 1 bis 3 nach Retzius, weil dieselben, was den Durchschnitt durch den Schädelgrund anbelangt, viel zu ungenau sind. Die Abbildung 7 aber läßt jede Naturwahrheit vermissen und hat nicht einmal den Wert eines schlechten Schemas.

Monat." „Vom vierten Monat an erfährt die Schädelbasis eine Streckung, die ihr Maximum etwa im 7. Monat erreicht (s. Abb. 1—10)." „Von da ab bis zur Geburt wird er[1] in geringem Maße steiler, um im ersten Lebensjahr und weiterhin bis zum erwachsenen Zustand erheblich an Steilheit zuzunehmen, das heißt also, die Schädelbasis des Erwachsenen und die des Fötus im 3. Monat haben etwa den gleichen Grad der Clivusabknickung,[2] während er" (?) „inzwischen einmal flacher war." Wenn Dabelow in diesem Zusammenhange von „Basiswinkel" spricht, so meint er da doch wohl den Winkel, den die Ebene des Clivus mit einer Horizontalen einschließt.

Ich habe mir nun, um zu ergründen, ob etwas Wahres an der Behauptung Dabelows sei, daß die Neigung des Clivus bei Embryonen des 3. Monats am stärksten, also der Winkel, den die Clivusebene mit einer Horizontalen einschließt, ich will ihn Clivuswinkel nennen, am kleinsten ist, daß dann vom 4. bis zum 7. Monat dieser Winkel an Größe wieder zunimmt, um schließlich nach dem 7. Monat bis zur Geburt „in geringem Maße" und „im ersten Lebensjahr und weiterhin bis zum erwachsenen Zustand erheblicher" abzunehmen, die Mühe gegeben, an 49 in meinem Besitze befindlichen Medianschnitten durch Köpfe von Keimlingen, die S. S. Längen von 29 bis 230 mm hatten, den Clivuswinkel in der Art und Weise zu bestimmen, wie ich dieselbe auf Seite 8 geschildert habe. Dazu habe ich auch an einigen Medianschnitten durch Köpfe von Kindern und Erwachsenen und an Bildern von solchen den Clivuswinkel genauestens gemessen und das Resultat dieser Messungen in der nachstehenden Tabelle niedergelegt. Aus dieser Tabelle ergibt sich nun folgendes: 1. Der Clivuswinkel zeigt in allen untersuchten Altersstufen beträchtliche individuelle Verschiedenheiten. Die geringste Neigung des Clivus, also den größten Clivuswinkel von 129°, fand ich bei einem Keimling von 111 mm S. S. Länge[3] und bei zwei neugeborenen Kindern, von denen es sich bei dem einen um eine Totgeburt handelte (vgl. Abb. 3 auf Tafel 3). Den kleinsten Clivuswinkel von 107° konnte ich bei zwei Keimlingen von 75 und 77 mm S. S. Länge feststellen. 2. Von einem regelmäßigen Zu- und Abnehmen der Größe des Clivuswinkels in irgendeiner Entwicklungsperiode ist an meinem Material durchaus nichts wahrzunehmen. 3. Die Mittelwerte der Größe des

Clivuswinkel	Zahl	Keimlinge S. S. Länge	Kinder	Erwachsene
129°	3	111 mm	2 Neugeborene	—
125°	1		1 Kind 3—4 W.	—
123°	2	220 mm	—	1 Frau
122°	2	113, 144 mm	—	—
121°	2	73, 110 mm	—	—
120°	4	115, 180, 230 mm	—	1 Mann
119°	5	65, 90, 122 mm	2 Neugeborene	—
118°	3	67, 147, 210 mm	—	—
117°	5	29, 56, 200 mm	—	2 Erwachsene
116°	5	51, 70, 85, 230 mm	—	1 Mann
115°	8	38·5, 50, 51, 55, 75, 100, 134 mm	—	1 Erwachsener
114°	2	29, 94 mm	—	—
113°	3	38, 39·5, 40 mm	—	—
112°	4	55, 57, 110, 111 mm	—	—
111°	1	41 mm	—	—
110°	5	40, 48, 63, 77, 127 mm	—	—
109°	1	91 mm	—	—
108°	2	65, 82 mm	—	—
107°	2	75, 77 mm	—	—

---

[1] Soll wohl heißen der Clivus.
[2] Sollte wohl heißen der Neigung des Clivus.
[3] Er zeigte einen nahezu vollständigen Defekt des Septum pellucidum.

Clivuswinkels zwischen 110 und 120° fanden sich in 45 Fällen, also am häufigsten. Unter diesen Fällen der Mittelwerte befanden sich die Köpfe von 5 Erwachsenen und 2 Kindern sowie die Köpfe von Keimlingen fast aller Altersstufen.

Das, was ich ermitteln konnte, spricht also durchaus gegen die Richtigkeit der oben mitgeteilten Behauptungen Dabelows, der an die natürlich auch bei Keimlingen durch die individuelle Variation gegebenen Möglichkeiten überhaupt nicht gedacht zu haben scheint, obwohl er selbst (vgl. seine Angaben auf S. 130) die Variationsbreite des Clivuswinkels beim Erwachsenen mit 30° festgestellt hatte. Es spricht aber naturgemäß auch gegen die Richtigkeit alles dessen, was Dabelow auf S. 96 und 97 seiner Abhandlung über die Beeinflussung des Schädelgrundes durch das sich entwickelnde Gehirn und seine einzelnen Teile geäußert hat. Er hat dabei, da ihm eigene Beobachtungen, die sich auf die Entwicklung des Gehirns sowie auf die Beziehungen des letzteren zu der sich entwickelnden Schädelkapsel beziehen, anscheinend keine zur Verfügung standen, seiner Phantasie ziemlich hemmungslos die Zügel schießen lassen. Ich werde deshalb im folgenden auf seine Angaben, die keinesfalls auf von ihm selbst nach sorgfältigen, am natürlichen Objekt durchgeführten Untersuchungen ermittelten Tatsachen fußen, nicht mehr weiter eingehen.

Über die Beziehungen, welche sich zwischen den Formverhältnissen der wachsenden Schädelkapsel und den Formen der einzelnen Teile des sich entwickelnden Gehirns ergeben.[1]

Wenn über diese Beziehungen gesprochen werden soll, dann scheint es mir zweckmäßig, vorerst die Beziehungen zu schildern, welche sich im Gebiete des der Hauptsache nach knorpelig angelegten Schädelgrundes darbieten, und dann erst auf diejenigen näher einzugehen, die im Bereich der beinahe gänzlich häutig angelegten Schädelwölbung festgestellt werden können. Dabei wird es sich vor allem um die Beantwortung der Frage handeln, ob das Gehirn bei seiner Entwicklung und der Größenzunahme seiner einzelnen Teile das knorpelige Primordialcranium und seine Formgestaltung direkt zu beeinflussen vermag. Von einer ganzen Anzahl von Autoren wird ja angenommen, daß eine derartige Beeinflussung statthat, so wie eine solche ja auch dem häutig präformierten Cranium gegenüber für wahrscheinlich gehalten wird. Dabei wird meist von einer sich geltend machenden Druckwirkung der wachsenden Hirnteile auf die betreffenden Abschnitte der Schädelkapsel gesprochen. Für die Berechtigung einer solchen Annahme werden da meist auch unter pathologischen Verhältnissen zu beobachtende Erscheinungen ins Treffen geführt. So vor allem die Verhältnisse, welche sich bei Hydrocephalus internus ergeben. Anderseits wird aber auch bei der Beobachtung gewisser absonderlicher Hirnformen, in Fällen abnormer Bildung der Schädelkapsel, wie sie infolge prämaturer Synostose gewisser Nähte zwangsläufig zur Ausbildung kommt, die letztere als die Ursache dieser der abnormen Schädelform angepaßten Hirnform angesehen. Es ist dies eine Ansicht, die ja sicherlich eine gewisse Berechtigung hat.

Aus einem unter pathologischen Verhältnissen sich abspielenden oder unter abnormen Bedingungen vor sich gehenden Geschehen darf jedoch meiner Meinung nach nur auf die Möglichkeit geschlossen werden, daß eine Umformung der Schädelkapsel durch das Gehirn oder umgekehrt eine Beeinflussung der Form des Gehirns durch die Hirnkapsel erfolgen könne. Ob aber die sich unter normalen Verhältnissen der Entwicklung abspielende Umformung der Schädelkapsel unmittelbar durch das Gehirn hervorgerufen wird oder umgekehrt die Form der Gehirnteile durch die Schädelkapsel, dies ist die große Frage. Denn bei der Entwicklung der Hirnteile spielen sicherlich ebenso wie bei der Entwicklung der Form des Hirnschädels Momente der Vererbung eine hervorragende und zweifellos ausschlaggebende Rolle, und es ist

---

[1] Ich werde mich im nachfolgenden mehrfach auch auf Bilder beziehen müssen, welche in meinen Beiträgen zur Entwicklungsgeschichte des menschlichen Gehirnes (1929) veröffentlicht wurden. In diesen Fällen werde ich, wie dies im vorausgehenden schon des öfteren geschehen ist, jeweils der Angabe der Nummer der betreffenden Tafel und Figur, je nachdem dieselben im 1. oder 2. Teil dieser Arbeit enthalten sind, ein (1. T. H. A.) oder ein (2. T. H. A.) hinzufügen.

daher sehr wohl möglich, ja sogar wahrscheinlich, daß im Falle einer abnormen Schädelform, so wie diese, auch die durch sie bedingte Hirnform vererbt wird. Es ist deshalb in einem derartigen Falle durchaus nicht unbedingt geboten, eine direkte mechanische Beeinflussung des Gehirns durch die Hirnkapsel anzunehmen. Sicher dürfte nur sein, daß bei künstlich deformierten Schädeln die veränderte Hirnform wirklich durch den auf den Schädel ausgeübten und von diesem auf das Gehirn weitergegebenen Druck zurückgeführt werden muß.

Jedenfalls scheint es mir von Wichtigkeit zu sein, nochmals auf das gründlichste nachzuforschen, ob sich unter normalen Verhältnissen während der Entwicklung Bedingungen ergeben, die eine direkte mechanische Beeinflussung des Schädels durch das Gehirn oder umgekehrt des Gehirns durch die Schädelkapsel überhaupt möglich oder denkbar erscheinen lassen. Bei meinen nunmehr seit Jahrzehnten betriebenen Untersuchungen über die Entwicklung des Gehirns habe ich der Frage einer solchen Beeinflussung stets meine besondere Aufmerksamkeit zugewendet, muß aber bekennen, daß die positiven Resultate äußerst gering waren.

Über die Gestaltung der Lageverhältnisse der Hirnteile im Bereich der Mitte des Schädelgrundes.

Was nun zunächst die Lageverhältnisse der Hirnteile im Bereich des Schädelgrundes anbelangt, soweit dieselben an Medianschnitten zu übersehen sind, so läßt sich vorerst feststellen, daß die leichte, ihre Konkavität dorsalwärts richtende Biegung des Schädelgrundknorpels im Bereich des Clivus, wie diese an den Abb. 4 bis 7 auf Tafel 4 ersichtlich ist, in ihrer Ausbildung einigermaßen der Konvexität der sogenannten Brückenkrümmung des Rautenhirnbodens, soweit der letztere in nachbarlicher Beziehung zum Clivus steht, angepaßt zu sein scheint. Bei genauerer Untersuchung stellt sich jedoch heraus, daß eine unmittelbare Anlagerung des Rautenhirnbodens an das Perichondrium des Clivus nirgends und zu keiner Zeit der Entwicklung besteht und daß besonders in der Medianebene zwischen der Oberfläche des Rautenhirnbodens und dem Perichondrium des Clivus auch noch die in eine ziemlich dicke Schichte ganz lockeren leptomeningealen Gewebes eingelagerte A. basialis verläuft. Es kann also sicherlich nicht daran gedacht werden, daß die Biegung des Schädelgrundknorpels im Bereich des Clivus unmittelbar durch Druck von seiten des benachbarten Rautenhirnbodens hervorgerufen worden sein könnte. Je älter aber die Keimlinge werden, die man untersucht (vgl. die Abb. 5 bis 20), desto weniger läßt sich von einer Kongruenz zwischen Clivus und Oberfläche des Rautenhirnbodens sprechen.

Das gleiche gilt übrigens auch für die in das pachymeningeale Gewebe der Sattelgrube eingebettete Hypophyse. Nur ihr nervöser Teil zeigt besonders anfänglich (vgl. die Abbildung auf Tafel 7 und 8, 2 T. H. A.) eine innigere nachbarliche Beziehung zum Perichondrium des Dorsum sellae, so daß die der Sattelgrube zugewendete Oberfläche des letzteren nur anfänglich der Oberfläche der Anlage des Lobus nervosus des Hirnanhanges angepaßt ist. Das gleiche gilt auch für die Chiasmaplatte des Zwischenhirnbodens (vgl. Fig. 25, Tafel 7, 2. T. H. A.), die in einer Zeit, in welcher der Schädelgrund noch aus Vorknorpelgewebe besteht, diesem unmittelbar anliegt. In dem Augenblick aber, in welchem sich der Vorknorpel in richtigen hyalinen Knorpel umgewandelt hat, erscheint die Chiasmaplatte durch eine deutlich ausgeprägte Lage leptomeningealen Gewebes (vgl. Fig. 28, Tafel 7, 2. T. H. A.) vom Perichondrium des Schädelgrundknorpels gesondert. Noch aber liegt diese Platte dem Schädelgrundknorpel so nahe, daß man (vgl. Abb. 4 und 5 auf Tafel 4) von einer Anlagerung derselben an den Schädelgrundknorpel sprechen kann. Auch der der sogenannten Stielkonusrinne entsprechende Querwulst und der basalste Teil der Lamina terminalis liegt dem Basisknorpel noch ganz nahe. Unter diesen Verhältnissen läßt sich also von einer mechanischen Beeinflussung der medianen Teile des Schädelgrundes durch Teile des Gehirns wohl kaum sprechen. Denn wenn auch, wie dies für die Neurohypophyse und die Chiasmaplatte im vorausgehenden gezeigt wurde, im Vorknorpelstadium der Schädelgrund dort, wo dieselben ihm angelagert sind, ihrer Form angepaßt ist, so ist von einem solchen Angepaßtsein später durchaus nichts mehr nachzuweisen. Jedenfalls aber sehen wir, daß bei Keimlingen von weniger als 30 mm S. S. Länge der Basisknorpel im Bereich der Mitte nur ganz im groben einen Abklatsch der Oberfläche der ihm benachbarten Hirnteile darstellt und daß man wohl für keine Stelle desselben die Möglichkeit einer direkten mechanischen Beeinflussung durch das Gehirn wird zugeben können.

Wie sich dann in diesem Gebiet in der Folge allmählich die definitiven Verhältnisse ausbilden, ist von den Abb. 7 bis 20 gut abzulesen. Man sieht an ihnen, wie sich die Chiasmaplatte allmählich vom Perichondrium der Anlage des Keilbeinkörpers löst und wie sich auch der Zwischenhirnboden immer weiter von dieser Anlage entfernt. Dabei kommt es nach und nach zur Bildung des Infundibulums und weiter dazu, daß ein frontaler Teil der Adenohypophyse, welcher dem schmalen, zwischen Chiasmaplatte und tiefstem Punkt des Lumens der Trichteranlage befindlichen Abschnitt der Bodenlamelle des Zwischenhirns anliegt, indem dieser Abschnitt zur frontalen Wand des Trichters wird, sich zu dem sogenannten Processus infundibularis des Lobus glandularis der Hypophyse umgestaltet (vgl. Abb. 8, Tafel 5).

Die Entwicklung des Trichters ist nun sicherlich bis zu einem gewissen Grade dadurch mechanisch bedingt, daß die Neurohypophyse in der Sattelgrube gewissermaßen festgehalten ist und sich also ihr durch die Anlage des Trichters gegebener Zusammenhang mit dem Zwischenhirnboden verlängern muß, wenn sich der letztere vom Schädelgrunde entfernt. Daß dabei dieser Boden nicht einfach zu einem Trichter ausgezogen, sondern nur sein unmittelbar an die Chiasmaplatte angeschlossener und den Recessus infundibuli umfassender Teil zur Bildung des Infundibulum herangezogen wird, zeigen die Abb. 8 und 10 auf Tafel 5 auf das deutlichste. Denn in dem Entwicklungsstadium, welches diese Abbildungen repräsentieren, ist schon ein kurzer Trichter gebildet, dessen kürzerer frontaler Wand der als Processus infundibularis bezeichnete Fortsatz der Adenohypophyse anliegt, während seine gleichfalls noch ganz kurze dorsale Wand unter einem rechten Winkel gegen den übrigen Boden des Zwischenhirns abgeknickt erscheint. Dieser Winkel wird dann in dem Maße, in welchem die dorsale Wand des Trichters an Länge zunimmt, ein immer spitzerer (vgl. Abb. 9—12). Es hängt dies mit der Einstellung des Trichters während dieser Entwicklungszeit zusammen. Seine Achse ist nämlich schief von der Chiasmaplatte gegen das Dorsum sellae zu gerichtet. Nachdem diese schiefe Einstellung bei dem Keimling 9 (vgl. Abb. 12) ihren Höhepunkt erreicht hat, beginnt sich in der Folge der Trichter aufzurichten (vgl. Abb. 13—17), so daß schließlich der Durchschnitt seiner frontalen Wand (vgl. Abb. 19) nahezu senkrecht auf der Ebene steht, in der später das Diaphragma sellae liegt. Dabei macht es den Eindruck, als würde sich die dorsale Wand des Trichters wenigstens eine Zeitlang auf Kosten des zwischen Infundibulum und Recessus inframamillaris gelegenen Teiles des Zwischenhirnbodens verlängern. Für die Richtigkeit dieses Eindruckes scheinen mir die an den Mediandurchschnitten durch die Köpfe der Keimlinge 10 bis 15 durchgeführten Messungen zu sprechen. Jedenfalls geht aber schließlich (vgl. Abb. 19 auf Tafel 7) der ganze übrige, bis zum Recessus inframamillaris reichende Abschnitt des Zwischenhirnbodens in der okzipitalen Wand des Trichters auf. Bemerkenswert ist, daß sowohl beim wenige Wochen alten Kind als beim Erwachsenen das Infundibulum auch wieder schief eingestellt ist, aber im Gegensatze zu dem von mir bei den Keimlingen 6 bis 17 ermittelten Verhalten so, daß seine Achse mit ihrem Scheitelende okzipital geneigt ist.

Was nun die Beziehungen des Rautenhirnbodens zur Ebene des Clivus und zum Rande des Dorsum sellae anbelangt, so ist über dieselben folgendes zu sagen: Verlängert man bei K 1 die Nasion[1] dorsum sellae-Randlinie (N. d. s. R.) über den Rand des Dorsum sellae hinaus in okzipitaler Richtung, so trifft dieselbe ziemlich genau die Spitze des Winkels der Knickung des Rautenhirnbodens und durchschneidet die noch überaus dünne, diesem Boden aufgelagerte Schichte der Fasermasse der Brückenanlage ungefähr in der Mitte ihrer Länge bzw. Breite. Bei K 2 und K 3 (vgl. Abb. 5 und 6 auf Tafel 4) liegen die Verhältnisse noch ziemlich gleich

---

[1] Als Nasion bezeichne ich bei den Keimlingen, bei denen man die Grenze zwischen den Nasen- und Stirnbeinen noch nicht deutlich erkennen kann, die dieser Grenze entsprechende tiefste Einbiegung der skeletogenen Schichte im Bereich der Nasenwurzel.

wie bei K 1. Bei K 4 schneidet die N. d. s. R.-Linie den Rautenhirnboden etwas parietal von der Spitze seines Knickungswinkels und liegt nur noch etwas mehr als ein Drittel der Breite des Brückendurchschnittes scheitelwärts von ihr. Bei K 5 liegt der Brückendurchschnitt schon zum größten Teil kaudal von der Linie und bei den Keimlingen 6 bis 8 überragt dieselbe nur noch ein ganz kleiner Teil dieses Durchschnittes. Bei K 9 schließlich liegt der Brückendurchschnitt bereits ganz kaudal von ihr. Bei K 10 tangiert die Linie wieder den parietalen Brückenrand, ähnlich wie dies an dem Präparat des Keimlings von 100 mm S. S. Länge der Fall war, das in Fig. 97 auf Tafel 22 (1. T. H. A.) abgebildet ist. Bei K 11 und den folgenden Keimlingen beginnt dann der parietale Rand der Brücke die N. d. s. R.-Linie wieder etwas zu überragen, ein Überragen, das allerdings nur sehr langsam zunimmt. Bei K 16 beträgt die Breite des überragenden Randteiles 1·7 mm und bei K 17 2 mm. Bei den im vorausgehenden schon erwähnten Zwillingsföten von 210 und 220 mm S. S. Länge beträgt bei dem kleineren die Breite des überragenden Brückenteiles 2·2 mm, bei dem größeren dagegen nur 1·3 mm, während bei einem Fötus von 230 mm S. S. Länge der parietale Brückenrand die N. d. s. R.-Linie nur um 0·5 mm überragt. Aus den gemachten Angaben läßt sich meiner Meinung nach mit ziemlicher Sicherheit der Schluß ziehen, daß sich die Brückengegend des Rautenhirnbodens während des Fötallebens zweimal in entgegengesetzter Richtung verschiebt. Das eine Mal bei Keimlingen von 29 bis 111 mm S. S. Länge in kaudaler Richtung und das zweite Mal bei älteren Keimlingen (der älteste untersuchte hatte eine S. S. Länge von 230 mm) in der entgegengesetzten Richtung, also ungefähr so, wie ich dies 1929 schon auf S. 185 (2. T. H. A.) angegeben hatte. Dabei scheinen aber natürlich auch individuelle Unterschiede vorzukommen. Es wäre deshalb verfehlt, aus dem Umstande, daß das auf diese Verschiebung bezügliche Maß eines älteren bzw. längeren Keimlings geringer ist als bei einem jüngeren bzw. kürzeren, wie dies z. B. bei den von mir untersuchten Föten von 210, 220 und 230 mm S. S. Länge der Fall war, gleich der Schluß gezogen werden müßte, daß wieder eine Rückverschiebung stattgefunden hätte. Immerhin ist es auffallend, daß bei einem von mir untersuchten Neugeborenen der Brückenrand die N. d. s. R.-Linie um 1·8 mm überragt, während das gleiche Maß bei dem totgeborenen Kinde (vgl. Abb. 3) nur 0·7 mm beträgt und bei dem wenige Wochen alten Kinde (vgl. Abb. 2) der Scheitelrand der Brücke dann wieder 0·6 mm kaudal von dieser Linie liegt. Auch bei der erwachsenen Frau (vgl. Abb. 1) ist etwas Ähnliches der Fall. Bei ihr beträgt die Entfernung von dieser Linie 1·2 mm, während an dem von mir untersuchten Präparat eines erwachsenen Mannes der parietale Brückenrand sogar 5 mm kaudal von der N. d. s. R.-Linie liegt. Dabei wurden alle bearbeiteten Köpfe in der gleichen Stellung mit Fixierungsflüssigkeit durchspült und bis zu dem Zeitpunkt, in welchem sie der Bearbeitung unterzogen wurden, in eben derselben Stellung, d. h. so in 95%igem Alkohol aufbewahrt, daß der Scheitel des Kopfes den Boden des Gefäßes berührte.

Bemerkenswert ist, daß, während die Kaudalwärtsverschiebung der Brückengegend des Rautenhirnbodens dem Clivus gegenüber erfolgt, sich gleichzeitig dieser Boden vom Perichondrium des Clivus nicht unerheblich entfernt (vgl. Abb. 4—7). Macht dann diese Verschiebung halt und schlägt in die in entgegengesetzter Richtung erfolgende Verschiebung um, dann nähert sich auch die Brückengegend dem Clivus (vgl. Abb. 8 und die folgenden). Ich habe den Eindruck, daß diese Wiederannäherung der Brückengegend an den Clivus mit den Formveränderungen zusammenhängt, welche die die Fossa intercruralis begrenzenden Hirnteile erleiden.

Bei der aufmerksamen Betrachtung und dem Vergleich der einzelnen abgebildeten Medianschnitte durch Keimlingsköpfe fällt einem natürlich sogleich auch noch ein anderer Hirnteil auf, dessen Anlage sich dem Schädelgrunde gegenüber nicht unerheblich verschiebt. Es ist dies das Corpus mamillare. In der Tat läßt sich über diese Verschiebung an der Hand der Abbildungen ohne Schwierigkeit folgendes feststellen. Während nämlich die Anlage des Corpus mamillare bei dem jüngsten Keimling der hier verwerteten Reihe nicht nur etwas scheitelwärts, sondern auch verhältnismäßig weit okzipital vom Rande des Dorsum sellae, also ziemlich weit entfernt von ihm gelegen ist, nimmt diese Entfernung bis zu einem gewissen Alter der Keimlinge nicht nur relativ, sondern auch absolut beträchtlich ab. Bei K 2 beträgt diese Entfernung noch 3 mm. Bei K 10 von 111 mm S. S. Länge hat sich diese Entfernung auf 0·8 mm verringert, gleichzeitig liegt diese Anlage nun genau scheitelwärts über dem Rande des Dorsum sellae. Bei den älteren Keimlingen der Reihe wächst dann die Entfernung zwischen dem Corpus mamillare und dem Dorsum sellae wieder rasch an und beträgt bei K 17 bereits 5·5 mm. Auch steht bei diesem Keimling das Corpus mamillare schon wieder etwas okzipital von einer Linie, welche den Rand des Dorsum sellae mit dem Scheitel des Kopfes verbindet. Naturgemäß erfolgt diese Verlagerung der Corpora mamillaria in unmittelbarem Zusammenhang mit den Verlagerungen, welche auch die basialen Teile des Mittelhirns erleiden, über die im folgenden Abschnitt berichtet werden soll.

Über die Lageveränderungen, welche die medianen, ursprünglich in nächster nachbarlicher Beziehung zur Innenfläche der Schädelwölbung stehenden Hirnteile erleiden.

Zweifellos am auffallendsten und eindrucksvollsten ist die Lageveränderung, welche die Anlage der Vierhügelplatte und mit ihr das ganze Mittelhirn erfährt. Wie bekannt, liegt noch bei Keimlingen von etwa 20 mm S. S. Länge der größte Teil des Mittelhirndaches, soweit sich das letztere im Bereich des kaudalen Mittelhirnblindsackes nicht der Kleinhirnplatte anzuschmiegen beginnt, der an die äußere Haut angeschlossenen Bindgewebslage, die als Anlage des häutigen Schädeldaches angesprochen werden kann, von der Gegend der Commissura caudalis bis zum blinden Ende des kaudalen Mittelhirnblindsackes unmittelbar an. Sehr bald beginnt sich dann aber von den beiden eben bezeichneten Stellen aus das Mittelhirndach von der skeletogenen Schichte der Schädeldachanlage zu lösen, wobei sich der an beiden Stellen entstehende Zwischenraum mit lockerem Bindegewebe füllt. Dabei rückt der im Bereich des späteren Recessus retrocommissuralis gelegene Teil der Vierhügelplattenanlage rascher vom Schädeldach ab als der der Wand des kaudalen Mittelhirnblindsackes angehörige. Noch bei K 1 war[1] ein ziemlich ausgedehnter medianer Streifen des Mittelhirndaches in inniger Berührung mit der Anlage des Schädeldaches (vgl. Abb. 4 auf Tafel 4). Bei K 2 hingegen (vgl. Abb. 5 auf Tafel 4) ist diese Berührung nur noch auf eine ganz kleine, eng umschriebene Stelle der Konvexität des Mittelhirndaches beschränkt, und bei K 3 (vgl. Abb. 6 auf Tafel 4) ist dieselbe schon völlig aufgehoben, und an ihrer Stelle ist ein an seiner engsten Stelle 0·7 mm breiter, mit lockerem Bindegewebe gefüllter, die Vierhügelplattenanlage vom Schädeldach trennender Zwischenraum entstanden. Dabei hat sich die Entfernung zwischen der Schädeldachanlage und dem Grunde der inzwischen gebildeten Fossa commissurae caudalis von 1·3 mm bei K 1 auf 3·65 mm bei K 3 vergrößert.

Worauf beruht es nun, daß diese Ablösung des Mittelhirndaches von der Schädeldachanlage und das Abrücken des ganzen Mittelhirns von der letzteren erfolgt und daß, wie die Betrachtung der Abb. 6 bis 20 lehrt, die Entfernung zwischen der Anlage der Vierhügelplatte und dem Schädeldach in der Folge stetig und auf das rascheste zunimmt? Diese Erscheinung ist ursächlich zweifellos durch zweierlei Vorgänge bedingt. Erstens ist es das mächtige, wieder der Hauptsache nach durch die Entfaltung und die starke Volumszunahme des Endhirns und seiner beiden Hemisphären verursachte mächtige Wachstum des häutig angelegten Hirnschädels, dessen Größenzunahme während der Entwicklung der Volumszunahme des Gehirns stets um ein gutes Stück vorauseilt. Es ist dies eine Erscheinung, auf die im folgenden noch näher eingegangen werden soll. Zweitens ist es die Art des Wachstums des Mittelhirns selbst, die dieses Abrücken mit verursacht. Das Mittelhirn wächst nämlich bei Keimlingen von mehr als 30 mm S. S. Länge an, zwar ganz stetig und allmählich, bleibt jedoch mit Rücksicht auf sein Wachstum anderen Gehirnteilen, so insbesondere den Großhirnhemisphären, später aber

---

[1] Der in der Abb. 4 aufscheinende Spaltraum zwischen Mittelhirn und Schädeldach ist ein bei der Fixierung des Keimlings entstandener Artefakt.

auch dem Kleinhirn gegenüber, weit zurück. So nimmt z. B. die Länge der Anlage der Vierhügelplatte von ihrem frontalen Ende im Bereich des Recessus retrocommissuralis bis zum kaudal am stärksten vorspringenden Punkt des kaudalen Mittelhirnblindsackes, in der Medianebene gemessen, von 5·6 mm bei K 1 bis auf 9·2 mm bei K 17 zu. Bei dem wenige Wochen alten Kinde (vgl. Abb. 2) beträgt die Länge der Vierhügelplatte 11·7 mm und bei der erwachsenen Frau (vgl. Abb. 1) 12·5 mm. Demgegenüber beträgt die Kopflänge, vom vorspringendsten Punkt der Stirne bis zum Hinterhaupt gemessen, bei K 1 15 mm, bei K 17 75 mm, bei dem Kinderkopf 134 mm und bei der erwachsenen Frau 187·5 mm. Bei K 1 ist somit der Kopf nur 2·63mal so lang wie die Anlage der Vierhügelplatte. Die gleiche Verhältniszahl ist bei K 17 8·15, beim wenige Wochen alten Kinde 11·45 und bei der erwachsenen Frau 14·7.

Der von der Konkavität der Mittelhirnbeuge bis zu der der Innenfläche der Schädelwölbung zugewendeten Fläche der Vierhügelplatte gemessene Dickendurchmesser des Mittelhirns beträgt bei K 1 4 mm, bei K 17 9 mm, bei dem Kinde der Abb. 2 13 mm und bei der erwachsenen Frau der Abb. 1 17·5 mm. Dabei wächst die Entfernung der Vierhügelanlage bzw. der Vierhügelplatte vom Schädeldache von 0 mm bei K 1 auf 30 mm bei K 17. Sie beträgt bei dem Kinde (der Abb. 2) 57 mm und bei der erwachsenen Frau (Abb. 1) 62·5 mm. Die Entfernung der Fossa commissurae caudalis von der Konkavität der Mittelhirnbeuge beträgt bei K 1 13 mm, bei K 17 7 mm, beim Kinde (der Abb. 2) 10·3 mm und bei der erwachsenen Frau (vgl. Abb. 1) 13·7 mm. Es sind dies Zahlen, die auf das eindringlichste für das relativ geringe Wachstum des Mittelhirns sprechen.

Im Zusammenhange mit diesem schwachen Wachstum mag vielleicht auch stehen, daß sich das Mittelhirn während der Entwicklung etwas vom Schädelgrunde entfernt. Über das Maß dieser Entfernung gibt die Länge der Linie *a*, welche den Rand des Dorsum sellae mit dem Grunde des Recessus rostralis fossae intercruralis verbindet, Auskunft. Dieselbe beträgt bei K 1 4 mm, bei K 17 8·8 mm, bei dem Kinde (der Abb. 2) 10 mm und bei der erwachsenen Frau (Abb. 1) 16·2 mm. Die Entfernung hat demnach im Laufe der Entwicklung um mehr als das Vierfache zugenommen, eine Zunahme, die, bezogen auf die Zunahme der meisten übrigen Maße im Bereiche des Kopfes, allerdings als eine recht geringe bezeichnet werden muß. Dabei ist aber diese Zunahme durchaus keine gleichmäßig fortlaufende. Vielmehr bleibt die Entfernung *a* anfänglich zunächst eine Zeitlang ziemlich gleich groß. Denn bei K 4 mißt dieselbe auch noch 4 mm. Dann aber nimmt sie von K 5 an, bei dem sie nur noch 3·7 mm lang ist, allmählich ab, bis sie bei den Keimlingen 9, 10 und 11 nur noch die Hälfte ihrer ursprünglichen Länge beträgt. Erst bei K 12 erreicht sie wieder eine Länge von 3·7 mm und hat bei K 13 4 mm bereits etwas überschritten, um bei den folgenden Keimlingen der Reihe weiter ziemlich rasch zuzunehmen. Es besteht demnach kaum ein Zweifel darüber, daß sich das Mittelhirn bei Keimlingen von einer S. S. Länge von 51 mm an bis zu einer ebensolchen von 105 mm dem Rande des Dorsum sellae nähert, um sich dann aber bei Keimlingen einer S. S. Länge von über 113 mm rasch wieder von ihm zu entfernen.

Wenn man nun an den abgebildeten Medianschnitten nach der Ursache forscht, die zu der geschilderten zeitweiligen Annäherung führen könnte, dann erkennt man sehr bald, daß dieselbe wahrscheinlich mit der Abnahme der Stärke der Mittelhirnkrümmung zusammenhängen dürfte. Die Krümmung des Mittelhirns nimmt ja bekanntermaßen bis zu einem gewissen Zeitpunkt der Frühentwicklung an Stärke zu, bleibt dann eine Zeitlang, nachdem sie einen gewissen Höhepunkt erreicht hat (vgl. die Abbildungen auf den Tafeln 1 bis 7, 1. T. H. A.), stationär, um dann ganz allmählich wieder abzunehmen. Mit dieser Abnahme steht nämlich auch die Erweiterung des von der Schädelgrundseite her spaltförmigen Zuganges zur Fossa intercruralis im Zusammenhange. Dieselbe setzt bereits bei K 3 ein. Denn bei diesem Keimling (vgl. Abb. 6, Tafel 4) hat sich die Brückengegend des Rautenhirnbodens vom Zwischenhirnboden bereits etwas entfernt, eine Entfernung, die bei K 4 und den ihm in der Reihe

---

[1] Bei K 3 beträgt die Entfernung *a* allerdings nur 3·8 mm.

folgenden Keimlingen weiter zunimmt.[1] Übrigens prägt sich die Abnahme der Mittelhirnbiegung begreiflicherweise auch besonders deutlich dadurch aus, daß der Bogen der Durchschnittslinie des Bodens des Mittelhirnhohlraumes immer flacher wird.

Während sich nun der eben geschilderte Vorgang abspielt, findet auch eine Lageveränderung des Recessus rostralis fossae intercruralis dem Rande des Dorsum sellae gegenüber in ganz ähnlicher Weise statt, wie eine solche im vorausgehenden für die Anlage des ihm benachbarten Corpus mamillare beschrieben wurde. Das heißt, er erfährt anfänglich (vgl. die Abb. 4 bis 12) eine Verlagerung in frontaler Richtung, um dann wieder (vgl. Abb. 13 bis 20) in der entgegengesetzten Richtung verschoben zu werden, so daß er schließlich auch wieder etwas okzipital von einer Geraden liegt, welche den Scheitel mit dem Rande des Dorsum sellae verbindet.

In ähnlicher Weise wie das Mittelhirn entfernen sich auch die dorsalen Teile des Rautenhirns, also die Kleinhirnanlage, und zum Teil auch die dünne Rautenhirndecke von der Innenfläche des okzipitalen Teiles der Schädelwölbung. Diese Entfernung hat schon bei K 1 einen beträchtlichen Grad erreicht. Am stärksten ist von ihr die Stelle betroffen, an welcher das Mittelhirndach mit der Kleinhirnplatte zusammenhängt, eine Stelle, welche bei jungen Keimlingen noch ganz unter der Epidermis gelegen ist. Dieser Stelle der Hirnrohrwand, die dem sogenannten Isthmus rhombencephali angehört und aus der später das Velum medullare anterius hervorgeht, entspricht eine quere Furche, die anfänglich in der Mitte ganz seicht ist. Wenn sich jedoch etwas später der kaudale Mittelhirnblindsack auszubilden beginnt, vertieft sich dieselbe allmählich, wobei sich natürlich ihr Grund von der Oberfläche immer weiter entfernt. Bei K 1 erscheint diese Furche schon, da sich bei ihm die kaudale Wand des Mittelhirnblindsackes dem medianen Teil der Kleinhirnplatte bereits angelegt hat, in eine relativ tiefe Querspalte umgewandelt, deren Grund infolgedessen noch weiter von der Anlage des Schädeldaches abgerückt ist und in der Folge noch weiter abrückt. Den Nachweis dafür zu erbringen, daß sich auch die Kleinhirnanlage und die dünne Decke des Rautenhirns mit der Plica chorioidea von der Innenfläche der Anlage des Craniums entfernt, dazu bedarf es keiner genaueren Messungen, denn das zeigen schon die Abb. 4 bis 7 der Medianschnitte auf das deutlichste. Allerdings beginnt sich etwas später der kaudal von der Plica chorioidea gelegene Teil der dünnen Rautenhirndecke dorsalwärts blasenförmig auszudehnen und sich auf diese Weise der Innenfläche der Schädelanlage wieder zu nähern. Dabei wird diese dünne Decke an verschiedenen Stellen dehiszent und verschwindet schließlich als zusammenhängende Bildung vollständig. Auch der zwischen dem Kleinhirn und der Plica chorioidea befindliche Teil der dünnen Rautenhirndecke verschwindet in der Folge, da er zum Teil bei der Weiterentwicklung des Plexus chorioideus rhombencephali Verwendung findet und anderseits in der Taenia cerebelli und seitlich im Velum medullare poterius aufgeht.[2]

Jedenfalls ist schließlich die Entfernung der Kleinhirnoberfläche von der Innenfläche des Schädels eine ganz beträchtliche geworden. Besonders groß ist diese Entfernung im Bereich der parietalen Fläche des Kleinhirns und seines sogenannten Oberwurmes, also in dem Bereich, in welchem das Kleinhirn von den Großhirnhemisphären überwachsen wurde, wobei aus der anfänglich keilförmigen, zwischen die Hemisphären einer- und die Vierhügelplatte sowie die Kleinhirnanlage anderseits eingelagerten, in das Schädelinnere vorragenden Tentoriumanlage die Tentoriumplatte geworden ist (vgl. Abb. 5 bis 20), die sich schließlich in ziemlich großer Entfernung scheitelwärts von Vierhügelplatte und Kleinhirn in Zeltform

---

[1] In hohem Grade bemerkenswert ist es, daß bei einigen Säugetieren, wie bei Chrysochloris (vgl. 1943, Abb. 13 auf Tafel 2) und beim Delphin (vgl. 1943, Abb. 44, Tafel 8) die geschilderte Erweiterung des Zuganges zur Fossa intercruralis so gut wie ganz unterbleibt und sich also bei diesen Tieren die Brückengegend des Rautenhirnbodens vom Boden des Zwischenhirns so gut wie gar nicht entfernt. Es ist dies eine Erscheinung, die wohl mit der verhältnismäßigen Kürze des Schädelgrundes dieser Tiere im Zusammenhang stehen dürfte.

[2] Vgl. darüber das, was ich 1929 auf S. 172 und 173 gesagt habe, und die Fig. 209 bis 216 auf Tafel 31, 2. T. H. A.

ausspannt. Dabei ist in der Entwicklungszeit, welcher K 17 angehört (vgl. Abb. 20), obwohl das Kleinhirn im Vergleich mit den jüngeren Keimlingen (vgl. Abb. 6 und 7) schon ganz erheblich an Masse zugenommen hat, die Pars minor cavi durae matris noch sehr geräumig. Das heißt, der zum Teil ganz von leptomeningealem Gewebe erfüllte Zwischenraum zwischen dem Tentorium und den von Dura mater überkleideten, die Fossa cranii occipitalis begrenzenden Knochen einer- und dem Mittel- und Rautenhirn anderseits ist verhältnismäßig noch sehr groß. Allerdings ist im Gebiete der späteren Cisterna cerebello medullaris, also in dem Bereich, in welchem der kaudale Teil der dünnen Rautenhirndecke dehiszent geworden ist, das leptomeningeale Gewebe mehr oder weniger weitgehend geschwunden, und an seine Stelle sind verschieden große, mit Liquor cerebrospinalis gefüllte Räume getreten.

Wenn nun auch in den letzten Monaten des Intrauterinlebens das Wachstum des Kleinhirns rascher fortschreitet, der größte Durchmesser seines Medianschnittes bei K 17 (S. S. Länge 210 mm) wächst bis zur Geburt bis auf das Doppelte seiner Länge (vgl. Abb. 20 mit Abb. 3), so füllt dasselbe den ihm beim Neugeborenen zur Verfügung stehenden Raum auch durchaus noch nicht ganz aus. Vor allem steht es mit dem Tentorium noch nirgends völlig in Berührung und ist auch von der Wand des V. cerebralis magna noch durch einen breiten Zwischenraum getrennt (vgl. Abb. 3). Erst nach der Geburt verschwindet dieser Zwischenraum allmählich, wobei wahrscheinlich nicht nur das Wachstum des Mittel- und Kleinhirns, sondern auch die Längenzunahme des Hirnbalkens eine Rolle zu spielen scheint.

Über die Verschiebung, welche die Balkenanlage während ihres Wachstums der Decke des Zwischenhirns gegenüber durchmacht.

Wenn man bei der Betrachtung der abgebildeten Medianschnitte von Keimlingsköpfen die an ihnen ersichtliche Lagebeziehung der Kommissurenplatte zur Fossa hypophyseos ins Auge faßt, so hat man sogleich den Eindruck, als würde sich diese Platte in okzipitaler Richtung verschieben. Dies ist auch tatsächlich der Fall. Zieht man nämlich an den einzelnen Schnittbildern die dem Durchschnitt der Clivusebene entsprechende Linie durch das Basion und den Rand der Sattellehne, dann kann man sogleich feststellen, daß bei den Keimlingen 1 bis 6 noch die ganze Kommissurenplatte frontal von der Verlängerung dieser Linie über den Dorsumrand hinaus liegt. Bei den Keimlingen 7 bis 11, bei denen der sagittale Durchmesser der Balkenanlage schon eine gewisse Länge erreicht hat und noch länger zu werden beginnt, liegt nur noch die Commissura rostralis und ein frontaler Teil der Balkenanlage frontal von der genannten Linie. Bei den Keimlingen 12 bis 14 tangiert diese Linie schon den okzipitalen Rand des Durchschnittes der Commissura rostralis, und bei den Keimlingen 15 bis 17 verläuft dieselbe sogar bereits frontal an der Commissura rostralis vorbei. Bei dem drei Wochen alten Kinde (vgl. Abb. 2) beträgt die Entfernung dieser frontal von der Commissura rostralis gelegenen Linie von dieser Kommissur 3 mm, während bei der erwachsenen Frau (vgl. Abb. 1) die gleiche Entfernung auf 7 mm angewachsen ist. Das heißt, die Kommissurenplatte und mit ihr die Commissura rostralis erfahren dem Schädelgrunde gegenüber eine nicht unbeträchtliche Verlagerung in okzipitaler Richtung.

Diese Verlagerung ist ohne Zweifel eine Folge des mächtigen Längenwachstums des Stirnteiles der Hemisphären und des frontalen Teiles des Schädels in okzipitofrontaler Richtung, welch letzteres vor allem auch in einer entsprechenden Längenzunahme der Entfernung Nasion und Rand des Dorsum sellae zum Ausdruck kommt. Diese Entfernung vergrößert sich von 5·4 mm bei K 1 auf 33 mm bei K 17 und hat beim drei Wochen alten Kinde 49 mm und bei der erwachsenen Frau 57 mm erreicht. Die kürzeste Entfernung des frontal am stärksten vorspringenden Punktes der Kommissurenplatte, welcher, sobald die Balkenanlage eine gewisse Länge erreicht, mit dem Vorsprung der Anlage des Balkenknies zusammenfällt (vgl. Abb. 10), zur frontalen Begrenzung des Cavum cranii beträgt bei K 1 3·7 mm und hat bei K 17 bereits 13·5 mm erreicht. Bemerkenswert ist weiter auch, daß die kürzeste Entfernung der Commissura rostralis von der zerebralen Fläche der Stirnbeinanlage, die ja schon bei den jüngeren Keimlingen in dem gleichen Maße zunimmt wie die Entfernung der Balkenanlage vom Stirnbein, von dem Keimling 8 an eine ganz besonders starke Zunahme erfährt, was ja auch ohne genauere Messung bei der Betrachtung der abgebildeten Medianschnitte deutlich zu erkennen ist. Man hat dabei den Eindruck, als würde der basial vom Horizont des Balkenknies gelegene Teil des Stirnlappens der Hemisphäre in sagittaler Richtung stärker wachsen als der im Bereiche des Balkenknies gelegene, oder aber, und dies scheint mir sehr viel wahrscheinlicher zu sein, als würde von einem bestimmten Zeitpunkt an der frontal von der Commissura rostralis durchschneidenden Frontalebene gelegene Abschnitt der Hemisphären mitsamt dem in diesem Abschnitt enthaltenen Balkenknie gleichmäßig in okzipitofrontaler Richtung in die Länge wachsen. Das letztere hätte zur Folge, daß sich zwar das Balkenknie immer weiter vom Stirnteil der Schädelinnenfläche entfernt, daß sich aber auch das Balkenknie in dem Maße verlängert, in dem der Abschnitt der Hemisphäre, in dem es enthalten ist, in die Länge wächst, und daß es infolgedessen, weil es länger geworden ist, der Commissura rostralis gegenüber in frontaler Richtung stärker vorspringt. Daß die letztere Annahme die richtige sein dürfte, bestätigen die von mir durchgeführten Messungen. Denn es nimmt die Entfernung des Balkenknies von der Innenfläche des Stirnteiles des Schädels bei den Keimlingen 8 bis 15 nur von 11 mm bis auf 12·8 mm zu, während die Entfernung zwischen Durabekleidung des Stirnbeines und Querschnitt der Commissura rostralis bei den gleichen Keimlingen von 12·6 mm auf 20 mm anwächst. Daß sowohl beim Kinde als auch beim Erwachsenen die Entfernung der Commissura rostralis vom Stirnbein sehr viel größer ist als die des Balkenknies von dem gleichen Knochen, ist ja eine bekannte Tatsache.

Besonders eindrucksvoll erscheint die Lageverschiebung, welche die im Wachstum ziemlich gleichen Schritt mit den ihm zugehörigen Teilen der Hemisphären haltende Balkenanlage dem Zwischenhirndache und den beiden Sehhügeln gegenüber durchmacht. Diese Verschiebung kann begreiflicherweise erst beginnen, nachdem sich die Balkenanlage, die vorerst in dem unmittelbar frontal von dem Foramen interventriculare gelegenen Scheitelende der Kommissurenplatte als ganz unscheinbares, dünnes Nervenfaserbündel aufgetreten ist (vgl. Abb. 7), so weit vergrößert hat, daß sie den ganzen parietalen Endteil der Kommissurenplatte einnimmt. Betrachtet man nämlich an den Abb. 7 bis 9 das Scheitelende der Kommissurenplatte genauer, dann sieht man (was auch die Fig. 93 bis 95 auf Tafel 22, 1. T. H. A. zeigen), daß sich dasselbe gegen den der Pars telencephalica ventriculi tertii angehörigen Abschnitt des Plexus chorioides, der sich seitlich im Bereich des Foramen interventriculare in den Plexus chorioides partis lateralis ventriculi telencephali fortsetzt zu einer Art Tänie[1] zuschärft, und daß das Nervenfaserbündel der Balkenanlage noch in einer, wenn auch ganz geringen Entfernung basial von dieser Tänie gelegen ist (vgl. Abb. 7—9). Man sieht dabei, wie die Entfernung zwischen Commissura rostralis und Balkenanlage allmählich etwas größer wird und wie sich der diese Anlage beherbergende Abschnitt der Kommissurenplatte etwas verdickt. Dabei rückt die Balkenanlage dem Foramen interventriculare gegenüber etwas scheitelwärts vor (vgl. Abb. 8 und 9). Bei K 7 (vgl. Abb. 10) füllt die Balkenanlage schon das ganze verdickte Scheitelende der Kommissurenplatte aus, und hat sich die Entfernung zwischen Commissura rostralis und Balkenanlage weiter vergrößert. Die Dicke der Kommissurenplatte im Gebiete der Commissura rostralis hat allerdings nur insofern zugenommen, als diese Kommissur dicker, d. h. faserreicher geworden ist und deshalb jetzt stärker gegen die Pars telencephalica ventriculi tertii vorspringt (vgl. auch die Fig. 93 bis 95 auf Tafel 22, 1. T. H. A.), und so ist jetzt nicht mehr dieser Teil, sondern das die Balkenanlage beherbergende Scheitelende der Kommissurenplatte ihr dickster Teil. Die den Übergang dieses Scheitelendes in den Epithelüberzug des Plexus chorioides vermittelnde Tänie aber ist nicht mehr scheitelwärts,

---

[1] Diese Tänie ist der letzte Rest des dünnen parietalen Randabschnittes der Kommissurenplatte, der infolge des durch Faserzuwachs Immermächtigerwerdens der Balkenanlage (vgl. auch das auf S. 113, 1. T. H. A. Gesagte) zu einem ganz schmalen Saum geworden ist.

sondern hinterhauptwärts gerichtet. Das heißt, es wird bei der Höhenzunahme der Kommissurenplatte diese Tänie umgebogen.

Ich habe diese Höhenzunahme bei den Keimlingen 5 bis 17 gemessen und dabei festgestellt, daß die Höhe der Kommissurenplatte von $3·7$ mm bei K 5 auf 17 mm bei K 17 angewachsen ist. Aus den durchgeführten Messungen ergab sich ferner, daß den Hauptanteil an dieser Höhenzunahme der Platte ihr parietal von der Commissura rostralis befindlicher Teil hat, der von 2 mm bei K 5 auf $12·7$ mm bei K 17 gestiegen ist. Sehr gut ist diese Höhenzunahme der Kommissurenplatte auch an den bei $7·5$ facher Vergrößerung hergestellten, in Fig. 93 bis 96 auf Tafel 23 (1. T. H. A.) wiedergegebenen Lichtbildern der Kommissurenplatten der Keimlinge Ha 16, Ke 7, Ke 6 und E 7 meiner Sammlung von 54, 68, 84 und 105 mm S. S. Länge zu übersehen und natürlich auch leicht nachzumessen.

Bei K 7 beträgt die Entfernung von der Mitte des Durchschnittes der Commissura rostralis bis zum Scheitelpunkt der Balkenanlage $3·68$ mm, bei K 8, 9 und 10 ist die gleiche Entfernung 5 mm. Während aber bei K 8 (vgl. Abb. 11) das okzipitale Ende der Balkenanlage noch scheitelwärts vom Foramen interventriculare steht, hat sich dasselbe bei K 9 und 10 (vgl. Abb. 12 und 13) schon über dasselbe hinweggeschoben und die dünne Decke der 3. Hirnkammer mit ihrem Plexus chorioides etwas in okzipitaler Richtung verdrängt. Auch bei K 11 liegen die Dinge in dieser Beziehung noch ähnlich. Bei K 12 aber (vgl. Abb. 15), bei dem die Entfernung zwischen Commissura rostralis und Scheitelpunkt des Balkens bereits $6·6$ mm beträgt, hat sich die Anlage des Balkenwulstes schon ziemlich

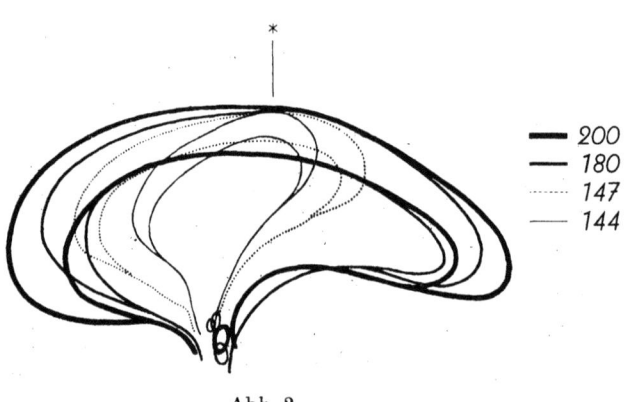

Abb. 2.

weit in okzipitaler Richtung vorgeschoben, und die dünne Verbindungsplatte zwischen den beiden Fornices, deren Durchschnitt den der Spleniumanlage mit dem der Commissura rostralis verbindet, hat nun die dünne Decke der 3. Hirnkammer mit ihrem Plexus chorioides schief gegen diese Hirnkammer zu herabgedrückt. Dabei springt, so wie bei den Keimlingen 7 bis 11, der Spleniumteil der Balkenanlage scheitelwärts am stärksten vor, während die Anlage des Balkenknies in einem dem Schädelgrunde nähergelegenen Horizont eingestellt ist. Auch bei K 13 (vgl. Abb. 16) liegen die Verhältnisse noch ähnlich. Doch hat bei diesem Keimling der Balkenwulst den Scheitelpunkt der Krümmung der Thalamusoberfläche auch noch nicht ganz erreicht. Bei K 14 (vgl. Abb. 17) hat jedoch das Splenium diesen Punkt bereits überschritten, und dementsprechend zeigt die dem Scheitel zugewendete Fläche des Balkens bereits eine etwas andere Einstellung. Bei K 15 (vgl. Abb. 18) endlich überdeckt der Balken und seine Ausstrahlung in die Hemisphären schon die ganze, dem Scheitel zugewendete Oberfläche des Thalamus. Dies hat zur Folge, daß der Scheitelpunkt des Bogens, den die Durchschnittslinie der freien Balkenoberfläche bildet, nicht mehr in der Nachbarschaft des Balkenwulstes, sondern frontal von der Mitte der Länge des Balkendurchschnittes liegt. Dieses Verhalten verstärkt sich in der Folge noch, so daß man fast den Eindruck hat, als würde sich der Balkenwulst der Vierhügelplatte noch weiter nähern. Es läßt sich jedoch durch Nachmessen leicht feststellen, daß dies nicht der Fall ist. Da das im vorausgehenden Gesagte bei der einfachen Vergleichung der in Betracht kommenen Abb. 16 bis 20 nicht ohne weiteres als zutreffend erkannt werden kann, habe ich die nebenstehende Textabbildung 2 hergestellt. An derselben erscheinen die Balkendurchschnitte der Keimlinge 13 bis 16 dreifach vergrößert in entsprechender Weise übereinandergezeichnet und der Scheitelpunkt des Balkenbogens mit einem * kenntlich gemacht.

Übrigens ist die Längenzunahme des Balkens und seine Verschiebung den von ihm bedeckten Hirnteilen gegenüber auch zur Zeit der Geburt noch keineswegs abgeschlossen. Denn beim einige Wochen alten Kinde hat sich sein Splenium noch nicht unter den frontalsten Teil des medianen Tentoriumabschnittes (vgl. Abb. 3) hineingeschoben, und so verläuft die V. cerebralis magna noch geradlinig am Splenium corporis callosi vorbei, um am frontalen Ende des Tentoriums, dort wo sich der Rand der Sichel in die beiden Hälften des Tentoriumrandes gabelt, in den Sinus rectus zu münden.

Daß ich mich, nachdem ich die Entwicklung des menschlichen Hirnbalkens auf das sorgfältigste studiert hatte, auch noch dafür interessieren mußte, wie sich der Hirnbalken bei den Säugetieren und ganz besonders bei den niedrigsten unter ihnen verhält, und daß ich versucht habe, wenigstens bei den Keimlingen einiger Säugetierarten auch seinen Werdegang zu verfolgen, ist nur begreiflich. Dabei konnte ich feststellen, daß bei der Katze, dem Kaninchen, dem Maulwurf und dem Igel der Balken in ganz ähnlicher Weise angelegt wird wie beim Menschen und daß auch die Stelle, an welcher seine Anlage in der Kommissurenplatte sichtbar wird, mit der beim menschlichen Keimling übereinstimmt. Aber auch seine weitere Entwicklung vollzieht sich bei diesen Tieren in ganz ähnlicher Weise wie bei dem letzteren. Nur kommt es beim Igel nicht zur Ausbildung eines richtigen Balkenknies und bleibt auch seine Balkenplatte verhältnismäßig kurz. Sein Splenium liegt nämlich beim ausgewachsenen Tier etwa über der Mitte der Länge der dünnen Zwischenhirndecke. Der Balken schiebt sich also beim Igel während seiner Entwicklung lang nicht so weit über die Zwischenhirndecke weg wie bei anderen Plazentaliern. Nur bei den von mir untersuchten Mikrochiropteren, Vespertilio murinus und Vesperugo noctula, deren Balken auch kein Knie besitzt, ist derselbe relativ noch etwas kürzer wie beim Igel, denn sein Splenium liegt noch etwas weiter frontal als bei dem letzteren. Bei Chrysochloris dagegen fand ich seine Verhältnisse ganz ähnlich wie beim Igel. Einen relativ kurzen Hirnbalken besitzen auch die Xenarthra, nur ist bei ihnen das Vorhandensein eines Knies schon angedeutet. Am kürzesten fand ich bei den von mir untersuchten Vertretern dieser Säugerordnung den Balken bei Bradypus tridactylus, bei welcher Form er, bezogen auf sein Verhalten zum Zwischenhirndach, nicht länger ist wie beim Igel, während sich bei Tamandua tetradactyla sein spleniales Ende über der Zwischenhirndecke wesentlich weiter gegen die Zirbel vorgeschoben hat, wobei aber immer noch ein ansehnlicher kaudaler Abschnitt dieser Decke vom Balken nicht bedeckt ist.

Was nun die niedersten Säugetiere, die Monotremen und die Marsupialier, anbelangt, so wird gewöhnlich behauptet (E. Smith), daß dieselben keinen Balken besitzen. Die sich kreuzenden Hirnmantelfasern verlaufen bei diesen Tieren, wie angegeben wird, durch die als Commissura rostralis (anterior) bezeichnete Kommissur. Außerdem besitzen dieselben noch eine zweite Endhirnkommissur, die dorsal von der Commissura rostralis gelegen ist und als Commissura dorsalis oder superior bezeichnet wird. Sie soll aus Fasern bestehen, welche die Riechzentren der beiden Hemisphären miteinander verbinden. Hätten die Forscher, die sich seinerzeit mit der Untersuchung der Gehirne der niedersten Säugetiere beschäftigt hatten, die Entwicklungsgeschichte des menschlichen und Säugetierbalkens bereits gekannt und hätten sie Bilder von Medianschnitten durch die Gehirne von menschlichen Keimlingen einer S. S. Länge zwischen 50 und 90 *mm* vor Augen gehabt, wie solche meine Abb. 7 bis 10 zeigen, dann hätten sie wohl wahrscheinlich die Behauptung, daß der Balken ein ganz neues, bei den Monodelphia auftretendes Kommissurensystem darstelle, nicht aufgestellt. Freilich standen diese Forscher ganz unter dem Eindruck dessen, was Mihalkovic, His und Martin über die Entwicklung des Hirnbalkens geschrieben hatten. Denn diese Forscher behaupteten ja, daß der Balken durch eine sekundäre Verwachsung der medialen Flächen der Großhirnhemisphären im Bereich eines bestimmten Areales des von ihnen so genannten Hemisphärenrandbogens gebildet werde, eine Verwachsung, welche sie allerdings nie beobachtet hatten und die auch, wie ich später nachweisen konnte, in Wirklichkeit niemals stattfindet.

Tatsächlich treten die ersten Balkenfasern dorsal von der Commissura rostralis (anterior) in dem Bezirke der Kommissurenplatte auf, der unmittelbar frontal vom Foramen interventriculäre gelegen ist, also an der Stelle, an der sich bei den Monotremen die sogenannte Commissura superior (dorsalis) befindet. Bei den Marsupialiern aber, bei denen diese Kommissur sehr viel mächtiger geworden ist, überragt dieselbe das Foramen interventriculare bereits scheitelwärts und überlagert sogar mit ihrem kaudalen Abschnitt diese Öffnung. Die Form des Medianschnittes dieser Kommissur von Macropus ähnelt dabei einigermaßen der des Medianschnittes durch die Balkenanlage eines menschlichen Keimlings von 94 mm S. S Länge (vgl. Abb. 11 auf Tafel 5). Welche Art von Fasern dabei in der Commissura dorsalis verlaufen, ist dafür, ob wir dieselbe als eine Vorläuferin des Balkens ansehen dürfen oder nicht ziemlich belanglos. Ich halte es deshalb auch für vollkommen verfehlt und sinnwidrig, wenn E. Smith und andere die in der sogenannten Pars neocorticalis der Commissura rostralis (anterior) der Monotremen verlaufenden Fasern als ventrale Balkenfasern bezeichnen. Denn Balkenfasern können nur im Balken selbst die Seite kreuzen und nirgends anderswo. Verlaufen aber neocorticale oder neopalliale Fasern durch die Commissura rostralis, dann sind es eben Fasern dieser Komissur und keine Balkenfasern. Ich muß es deshalb auch als ganz verfehlt bezeichnen, wenn Ariens Kappers (1934) auf S. 473 über die Commissura superior der Beutler sagt: „Nicht allen Beutlern fehlt ein dorsaler Balken[1] gänzlich, bei manchen kreuzt schon ein Teil der neopalliale Kommissur dorsal vom Psalterium als wirklicher Balken (Macropus z. B.)." Wenn bei Macropus neopalliale Fasern an das Psalterium und die übrigen Fasern der sogenannten Commissura dorsalis (superior) die Seite kreuzen, so beweist dies nur, daß das, was ich schon lange vermutet hatte, richtig ist, daß nämlich die Commissura dorsalis (superior) der Monotremen und Marsupialier die Vorläuferin des Balkens ist und daß dieselbe bei den Marsupialiern im Begriff war, sich in eine Kommissur umzuwandeln, die auch mit Rücksicht auf die Art ihrer Fasern dem Balken der Monodelphia entspricht. Es versteht sich, daß die in der Commissura dorsalis der Marsupialier nachgewiesenen neopallialen Fasern eine Neubildung sind und nicht das Geringste mit den neopallialen Fasern zu tun haben, die bei den Monotremen und Marsupialiern in der Commissura rostralis (anterior) gefunden wurden.

Naturgemäß verschieben sich, indem der Hirnbalken während seiner Entwicklung ständig an Länge zunimmt, auch die seitlich an ihn angeschlossenen, mit ihm wachsenden Hemisphärenteile, in die seine Fasern einstrahlen. Dabei hält das Wachstum dieser Hemisphärenteile gleichen Schritt mit der Massenzunahme der die innere Kapsel durchziehenden Fasern des Hemisphärenstieles sowie mit dem Wachstum der Endhirnganglien und des Thalamus und macht sich weiter an der äußeren Oberfläche der Hemispähren durch bestimmte Formveränderungen im Bereich der Fossa cerebri lateralis und in einer zunehmenden Oberflächenvergrößerung ihres Grundes bemerkbar. Die Fossa cerebri lateralis ist nämlich anfänglich (vgl. Abb. 22, Tafel 8) als eine nicht allzuscharf ausgeprägte, parietal von dem als Gyrus olfactorius lateralis bezeichneten Wulste zwischen Stirn und Schläfeteil der Hemisphäre gelegene Vertiefung angelegt, die besonders scheitelwärts ganz allmählich verstreicht, während sie schläfe- und stirnhirnwärts etwas deutlicher abgegrenzt erscheint. Allmählich wölben sich dann die ihre Begrenzung bildenden Oberflächenteile der Hemisphäre etwas vor, wobei die Vorwölbung im frontalen Abschnitte der Hemisphäre an seiner orbitalen Fläche ganz unscheinbar beginnt, um im Bereich der Seitenfläche der Hemisphäre deutlicher hervorzutreten und schwach bogenförmig zu verlaufen, während die dem Schläfeteil der Hemisphäre angehörige Vorwölbung fast geradlinig scheitelwärts verläuft (vgl. Abb. 23, Tafel 8).[2] Indem

---

[1] Einen ventralen Balken gibt es natürlich nicht, und die von E. Smith als ventrale Balkenfasern bezeichneten Fasern unter diesem Namen zusammenzufassen, ist sicherlich nicht zu empfehlen.

[2] Bei Keimlingen, die ihrem Alter nach ungefähr denen entsprechen, nach deren Gehirnen die in Abb. 22 bis 27 wiedergegebenen Lichtbilder angefertigt wurden, von einer Fissura lateralis cerebri zu sprechen, wie dies Dabelow (1931) getan hat, ist natürlich völlig verfehlt, denn in dieser Zeit gibt es nur erst eine mehr oder weniger gut ausgeprägte Fossa cerebri lateralis. Und an Abbildungen, wie es die drei nach Originalen von Retzius wiedergegebenen sind, eine Verschiebung der Fossa lateralis cerebri gegen den Stirnpol der Hemisphäre feststellen zu wollen, scheint mir mehr als gewagt zu sein.

dann die eben erwähnten Vorwölbungen allmählich den Charakter von Wülsten anzunehmen beginnen, vertieft sich die Fossa lateralis cerebri immer mehr und nimmt auch insofern eine etwas andere Gestalt an als ihr frontaler Begrenzungswulst, der ganz unscheinbar an der orbitalen Fläche des Stirnteiles der Hemisphäre beginnt, sobald er die Seitenfläche der Hemisphäre erreicht hat, zunächst einen ziemlich gleichmäßig gekrümmten, der Mantelkante parallel verlaufenden Bogen bildet, um schließlich in der Scheitelgegend ziemlich unvermittelt kleinhirnwärts umzubiegen und in den vom Schläfeteil der Hemisphäre beigestellten, ziemlich geradlinig gegen den Scheitel zu verlaufenden Begrenzungswulst überzugehen. Noch aber ist der Grund der Fossa lateralis cerebri, das sogenannte Inselfeld, nicht ganz scharf abgegrenzt (vgl. Abb. 25, Tafel 8).

Diese Abgrenzung erfolgt erst ganz allmählich und nicht an allen Stellen gleichzeitig, indem sich die Begrenzungswülste der Grube in die drei Opercula umzuwandeln beginnen. Vor allem ist es der die Anlage des Operculum parietale darstellende, scheitelwärts von der Grube gelegene Teil des ursprünglichen frontalen Begrenzungswulstes, der sich so stark vorwölbt, daß zwischen ihm und dem Grunde der Grube, dem Inselfeld, eine scharf ausgeprägte Furche auftritt. Ihm folgt dann der dem Schläfeteil der Hemisphäre angehörige, die Anlage des Operculum temporale darstellende Begrenzungswulst, der in dem Maße, als sich dieser Schläfeteil in frontaler Richtung immer stärker vorwölbt, höher wird und sich, so wie der letztere sich gegen die Area olfactoria und den Gyrus olfactorius zu durch eine die Fortsetzung des Sulcus hemisphaericus bildende, immer schärfer einschneidende Furche abgrenzt, gleichfalls durch eine in der Fortsetzung der letzteren entstehende Furche gegen den Grund der Fossa lat. cerebri scharf abgrenzt. Diese beiden scharf ausgeprägten Furchen, welche die Anlagen der beiden langen Schenkel des das Inselfeld begrenzenden Sulcus triangularis[1] bilden, verlängern sich rasch in okzipitaler Richtung, bis sie schließlich (vgl. die Abb. 27 und 28, Tafel 8 und 9) okzipital unter einem spitzen Winkel zusammenstoßen. Dabei hat sich das Inselfeld in der Zwischenzeit recht erheblich verlängert. Der dritte Schenkel des Sulcus triangularis entsteht so wie das Operculum frontale am spätesten. Das letztere geht nämlich aus dem zum größeren Teil der orbitalen Fläche der Hemisphäre angehörigen Anfangsteil des frontalen Begrenzungswulstes hervor, der schon frühzeitig durch eine Abknickung von dem Hauptteil dieses Wulstes gesondert ist. Aus dieser Abknickung entwickelt sich in der Folge der Ramus ascendens fissurae lat. cerebri.

Da es nun nicht leicht möglich ist, sich ohne weiteres ein Bild davon zu machen, in welcher Weise die Veränderungen im Bereich des Inselfeldes mit der Zunahme der Länge der Balkenanlage parallel laufen, habe ich, um dies klar zu machen, in die Profilbilder einer Reihe von Keimlingsgehirnen die Umrisse des Medianschnittes der zugehörigen Balkenanlagen eingezeichnet. Ich bin dabei in der Weise vorgegangen, daß ich von den Lichtbildern durch die Medianschnitte der Gehirne Pausen des Hemisphärenumrisses und des Balkendurchschnittes anfertigte und die Umrisse des letzteren auf die Profilansichten der gleichen Gehirne übertrug, nachdem ich den Hemisphärenumriß der Pause mit dem Hemisphärenumriß der Profilansicht zur Deckung gebracht hatte. Abb. 22, Tafel 8, zeigt die Profilansicht des Gehirns eines Keimlings von 38 *mm* S. S. Länge, in welche der Umriß des Kommissurenplattendurchschnittes in der geschilderten Weise eingezeichnet worden war. Man sieht an ihr, daß bei diesem Keimling die Projektionsfigur dieses Durchschnittes in den Bereich des frontalsten Abschnittes der Anlage der Fossa cerebri lateralis zu liegen kommt und die des Durchschnittes der Commissura rostralis etwas scheitelwärts vom Gyrus olfactorius lateralis liegt.

Die Abb. 23, Tafel 8, betrifft das Profilbild des Gehirns eines Keimlings von 105 *mm* S. S. Länge, bei dem die Anlage des noch recht kurzen Balkens mit ihrem okzipitalen Umfange schon begonnen hatte, das Foramen interventriculare zu überlagern. Die Projektionsfigur des Balkendurchschnittes liegt bei diesem Objekt ganz scheitelwärts von der als Anlage

---

[1] Die das Inselfeld begrenzende Furche als Sulcus circularis zu bezeichnen, halte ich nicht für zweckmäßig.

der Fossa lateralis cerebri zu bezeichnenden Einsenkung, während die Projektionsfigur des Querschnittes der Commissura rostralis fast an der gleichen Stelle wie bei dem Keimling von 38 mm gelegen ist. Abb. 24, Tafel 8, bezieht sich auf das Gehirn eines Keimlings von 127 mm S. S. Länge. Auch bei diesem Objekt ist, trotzdem die Balkenanlage schon eine ziemliche Länge hat, das Balkenknie noch nicht recht ausgeprägt, wenngleich es schon in Bildung begriffen ist. Auffallend weit basal liegt bei ihm die Projektionsfigur des Querschnittes der Commissura rostralis, so weit basal wie bei keinem anderen der von mir untersuchten Keimlinge. Die Projektionsfigur des Balkendurchschnittes hingegen liegt so wie gewöhnlich auch wieder etwas scheitelwärts von der Fossa cerebri lateralis.

Gut ausgeprägt ist das Balkenknie bereits bei dem Keimling von 150 mm S. S. Länge (vgl. Abb. 25, Tafel 8). Auch hat sein Balken schon eine beträchtliche Länge. Die Projektionsfigur des Medianschnittes durch denselben liegt ihrer ganzen Länge nach scheitelwärts von der Fossa cerebri lateralis und überragt dieselbe weder frontal noch okzipital. Auch bei dem Keimling von 160 mm (vgl. Abb. 26, Tafel 8) hat sich in dieser Beziehung ebensowenig geändert wie bezüglich der Lage des Querschnittes der Commissura rostralis. Bei dem Keimling von 185 mm (vgl. Abb. 27, Tafel 8) hat der Balken das Zwischenhirn bereits fast völlig überwachsen, und so kommt es, daß das spleniale Ende seiner Projektionsfigur auf das mantelkantenwärts gerichtete okzipitale Ende der Fossa cerebri lateralis zu liegen kommt, während sich die seines Knies auf dem frontalen Ende der Anlage des Operculum parietale abzeichnet. Die Projektionsfigur des Querschnittes der Commissura rostralis befindet sich an einer Stelle des Inselfeldes, die schon okzipital vom Schläfepol der Hemisphäre und parietal vom frontalsten Teil der Anlage des Operculum temporale liegt.

Bei dem Keimling von 200 mm S. S. Länge (vgl. Abb. 28, Tafel 9) liegt die Projektionsfigur des Balkendurchschnittes noch ähnlich wie bei dem von 185 mm, nur überkreuzt bei ihm die des splenialen Balkenendes bereits das okzipitale Ende der Fossa cerebri lateralis, die an dieser Stelle gerade im Begriff ist, sich in die Fissura lateralis cerebri umzuwandeln. Die Projektionsfigur des frontal am stärksten vorspringenden Teiles des Balkenknies überragt das frontale Ende des Operculum parietale bereits um ein ganz geringes. Die Projektionsfigur des Querschnittes der Commissura rostralis liegt noch immer ziemlich an der gleichen Stelle des Inselfeldes, über die sich nur jetzt schon der Randteil des Operculum temporale scheitelwärts emporzuschieben im Begriffe ist.

Das älteste Objekt, an welchem ich die Projektion des Balkendurchschnittes auf die Seitenfläche der Großhirnhemisphäre zur Darstellung gebracht habe (vgl. Abb. 29, Tafel 9), war ein Keimling von 240 mm S. S. Länge. Bei ihm war die Entwicklung aller drei Opercula schon so weit fortgeschritten, daß nur noch ein kleines, dreiseitig begrenztes Feld der Inselfläche unbedeckt von ihnen freilag. Bei diesem Objekt liegt die Projektionsfigur des Querschnittes der Commissura rostralis dort an dem dem Operculum parietale zugewendeten Rande des Operculum temporale bzw. des Gyrus temporalis superior, wo sich dieser Rand eben vom Rande des Operculum parietale trennt. Das Balkenknie projiziert sich auf die Windung, welche den Übergang vom Operculum parietale ins Operculum frontale vermittelt, während sich der Medianschnitt des Balkenkörpers auf die Oberfläche der Wurzel des Operculum parietale und anschließend auf die Stelle des Ramus occipitalis der Fissura cerebri lateralis projiziert, an der sich der letztere scheitelwärts aufbiegt. Das Ende der Projektionsfigur des Balkenkörpers kreuzt dann den Gyrus temporalis superior, und so kommt die des Balkenwulstes gerade über den Sulcus temporalis superior zu liegen.

Aus dem, was die eben besprochenen Abb. 22 bis 29 zeigen, kann man sich, wie mir scheint, ungefähr eine Vorstellung von den Wachstumsvorgängen machen, die sich in der Zeit, in welcher sich der Balken bildet, entfaltet und über das Zwischenhirn hinwegschiebt, an der äußeren Oberfläche der Großhirnhemisphären abspielen. Besonders sind an den abgebildeten Hemisphären bis zu einem gewissen Grade auch die Veränderungen zu erkennen, welche die Fossa cerebri lateralis und das ihren Grund bildende Inselfeld während dieser Zeit durchmacht. Wollte man jedoch in dieser Richtung wirklich ganz genaue und verläßliche Feststellungen machen, dann müßte man allerdings eine noch sehr viel größere Zahl von gut konservierten Gehirnen älterer Keimlinge untersuchen, als mir dies zu tun bisher möglich war.

Mit der Zunahme der Länge der Balkenanlage und indem sich die Anlage des Balkenwulstes in okzipitaler Richtung verschiebt, werden auch die Teile der Hemisphärenblasenwand, die okzipital unmittelbar an den Balken anschließen, so über die parietale Fläche des Zwischenhirns verschoben, daß sie schließlich, wenn der Balkenwulst das kaudale Ende des Zwischenhirndaches erreicht hat, zu diesem überhaupt in keiner direkten Beziehung mehr stehen. Es handelt sich dabei um die Teile des sogenannten Randbogens[1], welche den Gyrus dentatus und die Fimbria fornicis bilden. Dieselben sind an den in den Fig. 114 bis 122 auf Tafel 24 und 25 (1. T. H. A.) abgebildeten Frontalschnitten durch das Gehirn des Keimlings E 6 von 87 mm S. S. Länge zu sehen, und man erkennt, wie die Anlage des Gyrus dentatus, die an Fig. 121 in dem der parietalen Fläche des Thalamus opticus anliegenden Teil des Randbogens schon recht deutlich hervortritt, je mehr wir uns in der Schnittreihe dem okzipitalen Ende der Balkenanlage nähern, immer undeutlicher wird, bis schließlich (vgl. die Fig. 118 und 119) überhaupt nichts mehr von ihr wahrzunehmen ist. Von einer Fortsetzung der Anlage des Gyrus dentatus in frontaler Richtung bis an das spleniale Ende der Balkenanlage heran ist also bei diesem Keimling noch keine Spur zu sehen. Das gleiche gilt auch für den Keimling Ke 3 von 104 mm S. S. Länge. Auch von der Anlage des Sulcus corporis callosi ist weder bei E 6 (vgl. die Fig. 110 bis 113 auf Tafel 23 und 24, 1. T. H. A.) noch bei Ke 3 (vgl. Fig. 123 auf Tafel 25, 1. T. H. A.) etwas wahrzunehmen. Bei beiden Keimlingen ist nur ein schmaler, der Breite der Mantelspalte entsprechender, dieser zugewendeter, etwa 1 mm breiter, von Pia mater überzogener Streifen der Oberfläche des Balkens frei und steht in Verbindung mit dem Gewebe der primitiven Hirnsichel. Das heißt, der sogenannte Sulcus corporis callosi, dessen Entwicklung eine starke Verbreiterung der scheitelwärts gerichteten Oberfläche des Balkens nach sich zieht, entsteht erst bei wesentlich älteren Keimlingen.

Ein solcher ist der Keimling L 3 meiner Sammlung, dessen Medianschnitt durch den Balken in Textfigur 15 auf S. 138 (1. T. H. A.) abgebildet wurde. Wie ein Vergleich dieser Figur mit Abb. 16 auf Tafel 7 zeigt, war sein Balken ungefähr gleich weit entwickelt wie der des K 13. An der einen, in eine Frontalschnittreihe zerlegten Hälfte des Gehirns von L 3 konnte ich nun über die sich bei der Entwicklung des Sulcus corporis callosi und der Differenzierung des Gyrus dentatus abspielenden Vorgänge folgendes ermitteln. Scheitelwärts vom Balken zeigt der unmittelbar an ihn anschließende Abschnitt der Rindenanlage der medialen Hemisphärenblasenwand, der bei dem Keimling Ke 3 von 104 mm S. S. Länge noch ganz regelmäßig gestaltet war, eine gewisse Unregelmäßigkeit seines Aufbaues, durch den er sich von der regelmäßig gestalteten Rinde des übrigen Abschnittes der medialen Hemisphärenblasenwand nicht unwesentlich unterscheidet. Diese Unregelmäßigkeit steigert sich, wie die Abb. 53 auf Tafel 12 zeigt, erheblich in der Nähe des splenialen Balkenendes. Wie die Abbildung erkennen läßt, hat der Schnitt den Balken noch im Bereich des Cavum septi pellucidi getroffen. Parietal schließt sich unmittelbar an seinen Durchschnitt der der Rindenanlage an, deren Oberfläche eine leichte, rinnenförmige Einbiegung zeigt, deren Grund wieder zwei seichte Furchen und zwischen diesen eine niedrige Vorwölbung erkennen läßt. Diese Vorwölbung erscheint dadurch bedingt, daß die im Bereich der rinnenförmigen Einbiegung fast auf das Dreifache verdickte oberflächliche zellarme Schicht der Rinde durch eine medial gerichtete Ausladung der an sie unmittelbar anschließenden zellreichen Schicht etwas vorgetrieben erscheint.

---

[1] Wenn ich hier den Ausdruck Randbogen verwende, so muß ich vor allem den älteren Autoren gegenüber betonen, daß ich unter diesem Namen nur die okzipital an die Kommissurenplatte bzw. an die Balkenanlage anschließende bogenförmige, sich seitlich bis zur Wurzel des Plexus chorioides verdünnende, durch den Sulcus hippocampi gegen die übrige Hemisphärenblasenwand abgegrenzte Randpartie dieser Wand verstehe, aus der sich später der Gyrus dentatus und die Fimbria fornicis entwickelt.

In der unmittelbaren Nachbarschaft des Balkens verliert nun die zellreiche Schichte, indem sich der Verband ihrer Zellen etwas lockert und dieselben in die zellarme Schichte eindringen, ihre scharfe Abgrenzung gegen die letztere. Auch verdünnt sich hier die Rinde gegen die Medianebene zu rasch keilförmig, so daß sie in der Mitte der Balken im Bereich eines ganz schmalen, auf dem Grunde der Mantelspalte sichtbaren Streifens nur noch einen ganz dünnen, aus 4 bis 5 Zellschichten bestehenden Rindenbelag besitzt.

Auch im Bereich des Balkenwulstes liegen die Verhältnisse der an den Balken anschließenden Partie der Rinde (vgl. Abb. 54, Tafel 12) noch ganz ähnlich. Nur ist die leichte Einbiegung, welche die Durchschnittskontur der Rinde parietal vom Balken zeigt, noch etwas ausgeprägter als an dem in Abb. 53, Tafel 12, wiedergegebenen Schnitt und auch die dieser Einbiegung entsprechende Verdickung der primitiven Sichel ist an dieser Stelle dicker. Es besteht also bei L 3 an der medialen Fläche beider Hemisphären unmittelbar parietal vom Balken eine seichte, ziemlich breite Rinne, die, frontal immer seichter werdend, in der Gegend des Balkenknies schließlich vollständig verstreicht. Dieselbe setzt sich in okzipitaler Richtung, wie die Abb. 55, Tafel 12, zeigt, ebenso wie die eigenartige Struktur, welche die Rinde im Bereich dieser Gegend darbietet, über das Splenium corporis callosi hinaus auf die Oberfläche des Randbogens fort und übergeht im Bereich des Schläfelappens der Hemisphäre in den Sulcus hippocampi. Bezüglich der an den Balken unmittelbar anschließenden keilförmigen Randpartie der Rinde konnte ich feststellen, daß dieselbe ohne Grenze in die Anlage des Gyrus dentatus übergeht. Wie nämlich ein Vergleich der einen Frontalschnitt durch das Gehirn des Keimlings E 7 von 87 mm S. S. Länge betreffende Fig. 121, Tafel 25 (1. T. H. A.) mit Abb. 56, Tafel 13, die das Lichtbild eines Frontalschnittes durch den Pes hippocampi von L 3 wiedergibt, zeigt, hat sich in der Zwischenzeit der Gyrus dentatus mächtig entwickelt und springt zwischen der Furche, welche ihn gegen die Fimbria fornicis abgrenzt, und dem Sulcus hippocampi mächtig vor. Verfolgt man den Gyrus dentatus durch die Schnittreihe in der Richtung gegen den Balkenwulst, dann sieht man, wie er sich schließlich, immer unscheinbarer werdend, über den letzteren hinweg in die keilförmige, seitlich von dem dünnen Rindenbelag der Balkenmitte befindliche Rindenpartie fortsetzt.

An dem Gehirn eines Keimlings von 143 mm S. S. Länge, welches in eine Frontalschnittreihe zerlegt worden war, konnte ich schließlich feststellen, daß die an der medialen Fläche der Hemisphäre des Keimlings L 3 parietal vom Balken beobachtete seichte, breite Rinne mit den beiden Furchen ihres Grundes nichts anderes ist wie die Anlage des Sulcus corporis callosi.[1] Wie nämlich die Abb. 57, Tafel 13, eines durch die Gegend des okzipitalen Teiles des Balkens des Keimlings von 143 mm S. S. Länge geführten Schnittes zeigt, hat sich diese Rinne inzwischen dadurch vertieft, daß sich die Hemisphärenwand parietal von ihr beträchtlich verdickt und in dem gleichen Maße die der Mantelspalte zugewendete freie parietale Fläche des Balkens basial von ihr verbreitert hat. Dabei wurden auch die beiden unscheinbaren Furchen des Grundes dieser Rinne ausgeglichen. Diese Verbreiterung hat aber auch den unmittelbar seitlich von der Mitte dem Balken aufliegenden, mit ihm verwachsenen Streifen der oberflächlichen Rindenschichte insofern beeinflußt, als derselbe nunmehr in eine sich medial verdünnende, keilförmige Deckschichte der parietalen Fläche des Balkens umgewandelt erscheint. Nur im Bereich eines ganz schmalen medianen Streifens, der aus dem schmalen medianen Streifen, wie er bei den Keimlingen Ke 3 und L 3 festgestellt wurde, hervorgegangen ist scheint der Balken nicht von Rinde bedeckt zu sein. Bei der Untersuchung der Schnitte mit Hilfe einer stärkeren Vergrößerung erkennt man jedoch daß auch

---

[1] Diese Bezeichnung, an der auch die I. N. festgehalten hat, ist unrichtig, denn die Furche ist keine solche des Balkens, sondern eine Furche, welche den Balken gegen den Gyrus cinguli abgrenzt. Ich werde deshalb für dieselbe in der Folge ihren älteren Namen Sulcus calloso marginalis (Grenzfurche des Balkens) verwenden. An der Oberfläche des Balkens ist nur eine freilich recht unscheinbare Furche zu sehen, die man früher Raphe corporis callosi nannte. Weder die B. N. noch die I. N. hielt es für nötig, dieser Furche einen Namen zu geben. Ich schlage vor, sie S. medianus corporis callosi zu nennen.

im Bereiche dieses medianen Streifens der Balken von einer einfachen Lage von Zellen bedeckt ist, die kontinuierlich in den Rindenbelag seines seitlichen Teiles übergeht.

Die Abb. 58 auf Tafel 13 zeigt einen Frontalschnitt durch den okzipitalen Endteil des dünnen Zwischenhirndaches und durch den Randbogenteil der medialen Wand der beiden Hemisphären des gleichen Keimlings. Man sieht an ihr, wie sich der wesentlich seichter werdende Sulcus calloso marginalis in okzipitaler Richtung weiter fortsetzt und kann bei der Durchsicht der Schnittreihe feststellen, daß derselbe so wie der Randbogen, dem er angehört, basial umbiegt und ohne Grenze in den Sulcus hippocampi übergeht. Der keilförmige Rindenbelag des Balkens aber setzt sich, wie die Abb. 58 zeigt, natürlich auch auf den Randbogen fort, dessen von ihm nicht bedeckter Teil die Fimbria hippocampi ist, und geht schließlich in den Gyrus dentatus über.

Bei vier noch älteren Keimlingen von 160, 190, 200 und 210 mm S. S. Länge, von deren Gehirnen mir Frontalschnittreihen vorliegen, war der früher mit einem gerundeten Grunde versehene Sulcus calloso marginalis bereits in eine Furche mit spitzwinkeligem Grunde umgewandelt, die jedoch bei dem Keimling von 160 mm S. S. Länge noch bis an ihren Grund heran weit offen war. Dabei hatte bei diesem Keimling der seitliche Rindenbelag des Balkens seine Keilform bereits eingebüßt, indem er im Bereich des tiefsten Teiles der Furche dünner geworden ist, während sich dafür sein der Mitte zunächst gelegener Teil etwas verdickt hat und nun als schmaler, niedriger, mantelspaltenwärts gerichteter Wulst vorspringt. Derselbe ist nichts anderes wie die Anlage der als Stria longitudinalis medialis bezeichneten Leiste, welche mit der der Gegenseite eine seichte Furche, den Sulcus medianus corporis callosi, begrenzt. Sowohl die beiden Striae longitudinales mediales wie der Sulcus medianus sind in ihrer Ausdehnung auf die parietale Fläche des Balkens beschränkt. Sie fehlen also dem Balkenschnabel, und auch die Striae longitudinales mediales erstrecken sich nicht mehr über den Balkenwulst hinweg auf den an den Randbogenabschnitt des Fornix angeschlossenen Teil des Rindenbelages der Randbogenfortsetzung des Sulcus calloso marginalis.

Die Abb. 59 auf Tafel 13 zeigt einen Frontalschnitt durch das spleniale Ende des Balkens und die angrenzenden Teile der medialen Hemisphärenwände und der Crura fornicis des Keimlings von 190 mm S. S. Länge, an der die Verhältnisse der beiden Striae longitudinales und der Sulci calloso marginales, die inzwischen spaltförmig geworden sind, gut zur Ansicht kommen. Auch der Sulcus medianus corporis callosi ist gut ausgeprägt, aber wesentlich schmäler wie bei dem Keimling von 160 mm S. S. Länge. Die Abb. 60 auf Tafel 13 hingegen betrifft einen Frontalschnitt durch das Gehirn des Keimlings von 210 mm S. S. Länge, der das Gebiet des Foramen interventriculare und die scheitelwärts von dieser Öffnung gelegenen Hirnteile, die beiden Fornices mit ihrer dünnen basialen Verbindungsplatte und den zwischen ihnen gelegenen Teil des Cavum septi pellucidi sowie die vom Balken beigestellte Decke des letzteren getroffen hat. An der Durchschnittskontur des Balkens tritt wieder deutlich sein Rindenbelag mit den beiden Striae longitudinales mediales und der zwischen ihnen gelegene, in diesem Gebiete etwas breitere Sulcus medianus in die Erscheinung. Der Grund dieses Sulcus hat bei diesem Keimling, und ein gleiches gilt auch für den Keimling Zi von 200 mm S. S. Länge meiner Sammlung, bei dem dieser Sulcus gleichfalls relativ breit ist, keinen Rindenbelag. Bei diesen beiden Keimlingen ist also in der Körpermitte der Rindenbelag des Balkens unterbrochen. Bei dem Keimling Zi und bei den beiden Keimlingen, auf welche sich die Abb. 59 und 60 auf Tafel 13 beziehen, hat sich somit dem Keimling von 160 mm S. S. Länge gegenüber an den uns hier interessierenden Verhältnissen nicht viel geändert. Jedenfalls ist aber auch bei ihnen noch keine Spur einer Bildung wahrzunehmen, welche als Anlage der sogenannten Stria longitudinalis lateralis corporis callosi gedeutet werden könnte.

Naturgemäß ist die im vorausgehenden geschilderte Verschiebung des Hirnbalkens in okzipitaler Richtung während seiner Entwicklung mit den an ihn angrenzenden Hemisphärenteilen über das Zwischenhirndach hinweg ohne Veränderungen des Gefüges der Bindegewebsplatte der Tela choroidea prosencephali kaum vorstellbar. Von welcher Art aber diese

Veränderungen sind und wie sich dieselben vollziehen, darüber irgend etwas Bestimmtes auszusagen, fühle ich mich auch jetzt noch immer außerstande. Denn meine Schnittreihen beziehen sich zum allergrößten Teil auf im Stücke mit Parakarmin gefärbte Keimlinge oder Köpfe und Gehirne von solchen, bei denen deshalb die strukturellen Feinheiten des Bindegewebes der Tela chorioidea nur wenig deutlich hervortreten. Dazu kommt noch, daß die Zahl der untersuchten Gehirne älterer Keimlinge eine noch viel zu geringe ist, um bestimmte Angaben machen zu können. Daß bei der Verschiebung des sich entwickelnden Hirnbalkens über das Zwischenhirndach hinweg der durch sein Splenium auf den Ramus telae chorioideae prosecnphali der A. cerebralis anterior ausgeübte Druck dazu führt, daß sich dieser Ast, nachdem er mit einem in die Tela chorioidea eindringenden Aste der A. cerebralis posterior in Verbindung getreten ist, in der Regel zurückbildet und nur ausnahmsweise erhalten bleibt, habe ich bereits 1919 auf S. 143 (1. T. H. A.) geschildert.

Daß der Druck, den der Balkenwulst bei seiner Verschiebung in okzipitaler Richtung auf seine Umgebung ausübt, auch die Verhältnisse der Mündung jener Vene beeinflussen muß, die ich als Anlage des Sinus sagittalis inferior bezeichnet habe (vgl. das auf S. 26 Gesagte), begreift sich. Denn diese Vene liegt in der Mantelspalte über der parietalen Fläche der Balkenanlage und umgreift die Anlage des Balkenwulstes (vgl. Abb. 10 auf Tafel 5), um in die später in der Tela chorioidea prosencephali gelegene V. cerebralis interna zu münden. Bei K 7, bei dem die Balkenanlage noch ganz kurz ist, liegt diese Mündung noch über dem frontalen Ende der dünnen Zwischenhirndecke, also dort, wo die V. cerebralis interna beginnt. Während sich nun in der Folge der Balkenwulst über diese dünne Decke hinwegschiebt und sich dabei allmählich die Tela chorioidea prosencephali bildet, muß nun auch die Mündung der als Anlage des Sinus sagittalis inferior bezeichneten Vene, die ihrer Lage und ihrem Verlauf nach der V. corporis callosi mancher Säugetiere entspricht, insofern eine Verschiebung in okzipitaler Richtung erleiden, als dieselbe bei älteren Keimlingen, wie z. B. bei K 13 und K 14 (vgl. die Abb. 16 und 17), an einer weiter okzipital befindlichen Stelle der V. cerebralis interna gelegen ist. Auf welche Weise aber diese Verschiebung vor sich geht und wie es schließlich dazu kommt, daß der aus dieser Vene hervorgegangene Sinus sagittalis inferior an der gleichen Stelle in den Sinus rectus mündet, an welcher auch die V. cerebralis magna ihr Blut in denselben ergießt, dies ermitteln zu können, war mir leider nicht vergönnt.

Über die Lageveränderungen, welche die Anlage des Riechhirns dem Schädelgrunde gegenüber durchmacht.

Über diese Lageveränderungen habe ich zum Teil schon 1919 eine Reihe von Angaben gemacht.[1] Ich habe dort vor allem auch darauf hingewiesen, daß die Riechhirnausladung der Großhirnhemisphäre noch bei Keimlingen von 25 bis 28 mm S. S. Länge (vgl. die Fig. 39 auf Tafel 7, 1. T. H. A.) nicht nur basial, sondern auch etwas kaudal gerichtet ist. An der in Fig. 42 auf Taf. 8 (1. T. H. A.) nach einem Lichtbilde wiedergegebenen Profilansicht des Gehirns eines ventralwärts stark zusammengebogenen Keimlings von 25 mm S. S. Länge, dessen Länge ich bei normaler Krümmung auf mindestens 28 mm schätzte, ist freilich von der im vorausgehenden geschilderten Einstellung der Riechhirnausladung nicht viel wahrzunehmen. Ich bringe deshalb jetzt in Abb. 30 auf Tafel 9 das Lichtbild der Basialansicht des gleichen Gehirns, weil man an ihr das ganz besonders deutlich sieht, was ich über die Riechhirnausladung dieses Gehirns bereits 1919 geschrieben hatte, daß nämlich ihre Wurzel in querer Richtung wesentlich breiter ist als in sagittaler, was zur Folge hat, daß dieselbe seitlich in einen rasch flacher werdenden Wulst übergeht, auf dem die Stria olfactoria lateralis beginnt. Dieselbe biegt in der Gegend der Fossa cerebri lateralis unter einem annähernd rechten Winkel in okzipitaler Richtung um. Dieses Verhalten sowie das Vorhandensein

---

[1] Vgl. das dort (1. T. H. A.) auf S. 39, 79 und 80 Gesagte.

einer seichten, die Riechhirnausladung frontal begrenzenden, gegen die mediale Fläche der Hemisphäre zu auslaufenden Furche bedingen, daß man den Eindruck erhält, als würde die Riechhirnausladung dieses Objektes nicht nur, was man ja an der Abbildung deutlich sieht, basial und etwas kaudal, sondern auch ein wenig medial gerichtet sein. Daß es sich bei diesem Eindrucke nicht um eine Täuschung handelt, zeigen die beiden in Fig. 51 und 52 auf Tafel 15 (1. T. H. A.) abgebildeten Frontalschnitte durch den Kopf des Keimlings Peh 4 von 25·1 mm S. S. Länge. An diesen Bildern ist jedoch nicht ersichtlich, gegen welche Stelle der primordialen Nasenkapsel das Ende der Riechhirnausladung gerichtet ist.

Darüber geben nur Sagittalschnittbilder Aufklärung. Ein solches ist in Abb. 45 auf Tafel 11 wiedergegeben. Es betrifft den Kopf des Keimlings Gr 5 von 24·33 mm S. S. Länge. An ihr sieht man, daß bei diesem Keimling die Furche, welche die Wurzel der Riechhirnausladung gegen die frontale Fläche der Hemisphärenblase abgrenzt, eben erst angedeutet ist. Der Keimling besitzt noch einen kompakten, aber schon ganz kurz gewordenen Riechnerven, der wie eine Kappe dem kaudal und medial gerichteten Gipfel der Riechhirnausladung aufsitzt. Sein lateraler Teil erscheint an der Abbildung durchschnitten. Die knorpelige Nasenkapsel dieses Keimlings ist in der Entwicklung bereits so weit fortgeschritten, daß ihre beiden Seitenplatten (Laminae laterales) nasenrückenwärts schon mit ihrer Scheidewandplatte (Lamina septalis) in kontinuierlicher Verbindung stehen, während von ihrer Lamina cribriformis noch nichts gebildet ist. An der Abb. 45 sieht man nun den Längsschnitt des scheidewandplattenwärts umgebogenen Teiles der Seitenplatte und unmittelbar scheitelwärts von diesem den Durchschnitt der Riechhirnausladung und des Riechnerven sowie einige von dem letzteren ausgehende Fila olfactoria, welche der Spalte zustreben, die das Cavum cranii mit der Nasenhöhle verbindet und im Bereich deren später die Lamina cribriformis gebildet wird.

Die Abb. 46 auf Tafel 11 zeigt einen ähnlichen, nur ein wenig weiter seitlich geführten Sagittalschnitt durch die Riechhirnausladung und die an dieselbe angrenzenden Teile des Gehirns und der Nasenhöhle des Keimlings E 15 meiner Sammlung von 29·7 mm S. S. Länge, der etwas weiter entwickelt war wie Gr 5 und wie der Keimling, dessen Gehirn in Abb. 30 auf Tafel 9 wiedergegeben ist. An dem abgebildeten Schnitt ist die Seitenplatte der primordialen Nasenkapsel so getroffen, daß die Figur ihres Durchschnittes einen mundhöhlenwärts offenen stumpfen Winkel bildet. Sein parallel zum Lumen des Meatus narium medius eingestellter Schenkel stellt den Durchschnitt des die Seitenwand der Nasenhöhle bildenden Teiles der Seitenplatte dar, die dort getroffen ist, wo ihrer medialen Fläche in Form eines niedrigen Knorpelwulstes die Anlage des Knorpels der mittleren Nasenmuschel aufsitzt. Der zweite Schenkel der Durchschnittsfigur betrifft den Nasenrückenteil der Seitenplatte. Dort aber, wo die beiden Schenkel ineinander übergehen, ragt scheitelwärts ein kurzer, abgerundeter Fortsatz, den ich in der Folge Fortsatz x nennen werde, vor. Dieser Fortsatz ist auch an der entsprechenden Stelle des bekannten Hertwigschen Modelles des menschlichen Primordialkraniums zu sehen.

E 15 besitzt keinen richtigen kompakten Riechnerven mehr. Der letztere ist vielmehr in Auflösung begriffen, indem sich, wie die Abbildung erkennen läßt, die das kaudal und medial gerichtete Ende der Riechhirnausladung bedeckende Nervenfasermasse in einzelne Bündel aufzulösen beginnt. Wie die Abb. 46 weiter zeigt, ist die Furche, welche frontal die Riechhirnausladung von der übrigen Hemisphärenwand sondert, schon recht gut ausgeprägt. Und wenn man die Abb. 45 und 46 vergleicht, dann erkennt man sogleich, daß der basial am stärksten vorspringende Teil der Riechhirnausladung von E 15 im Vergleich zu dem derselben Ausladung von Gr 5, was besonders aus seinem Lageverhältnis zu dem Fortsatze x erhellt, etwas kaudalwärts verschoben erscheint. Das Studium der Schnittreihe lehrt ferner, daß sich das Ende der Riechhirnausladung stärker medianwärts richtet wie bei Gr 5. Es zeigt sich dies vor allem auch dadurch, daß die mediale Fortsetzung der die Riechhirnausladung frontal gegen das Stirnhirn abgrenzenden Furche nicht unerheblich tiefer geworden ist wie bei Gr. 5.

Die Ausbildung dieser Furche hat bei dem Keimling Gr 4 von 31·4 mm S. S. Länge, von dessen Kopf der in Abb. 47 auf Tafel 11 wiedergegebene Sagittaldurchschnitt herrührt, weitere Fortschritte gemacht, so daß bei diesem Keimling die Riechhirnausladung nur noch basal und rein medial, aber gar nicht mehr kaudal gerichtet ist. Die Folge davon ist, daß der Riechhirnhohlraum nur eine annähernd rechtwinklige Biegung erkennen läßt, deren in der Wurzel der Riechhirnauladung gelegener Anfangsteil sich ziemlich genau basal richtet, während der dem Endabschnitt dieser die Anlage des Bulbus olfactorius darstellenden Ausladung angehörige Teil beinahe rein quer eingestellt ist. Der abgebildete Sagittalschnitt hat nun nur das Lumen dieses Endteiles quer und die mediale Wand des Anfangs- und Wurzelteiles so getroffen, daß an der letzteren auch das Endstück des in dieselbe eintretenden N. terminalis zu sehen ist. Bei einem Vergleiche der Abb. 46 und 47 ergibt sich, daß bei Gr 4 das Ende der Riechhirnausladung, also die Anlage des Bulbus olfactorius schon ganz kaudal von dem Fortsatz x der primordialen Nasenkapsel und scheitelwärts von der breiten spaltförmigen Öffnung gelegen ist, welche sich zwischen den parietalen Rändern der Scheidewand und der Seitenwandknorpel der primordialen Nasenkapsel befindet, durch welche die von der Nasenschleimhaut kommenden Fila olfactoria der Anlage des Bulbus olfactorius zustreben. Von der Anlage der Lamina cribriformis, welche später diese Öffnung teilweise verlegt, ist noch keine Spur wahrzunehmen. Sieht man nun nach, um was es sich bei der eben geschilderten Änderung der Lagebeziehung der Riechhirnausladung handelt, so läßt sich durch Nachmessen feststellen, daß nicht eine Lageverschiebung dieser Ausladung der primordialen Nasenkapsel gegenüber stattfindet, sondern daß der primordiale knorpelige Schädelgrund in seinem zwischen dem Canalis opticus und dem Fortsatz x befindlichen Abschnitt in sagittaler Richtung stärker wächst als die über ihm gelegenen basialen Teile des Gehirns zwischen der Chiasmaplatte und der Riechhirnausladung und daß sich also der knorpelige Schädelgrund der Riechhirnausladung gegenüber in frontaler Richtung verschiebt.

Abb. 31 auf Tafel 9 zeigt die Basialansicht des Gehirns eines Keimlings von 34·2 mm S. S. Länge, dessen Riechhirnausladung wieder etwas weiter entwickelt ist wie die des Keimlings Gr 4. Man sieht nämlich an ihr auf das deutlichste, wie die Riechhirnausladung nun nicht mehr nur basial und medial gerichtet, d. h. an ihrer Wurzel in dieser Richtung abgebogen ist, sondern daß sich dieselbe auch schon ein klein wenig stirnwärts richtet. Man erkennt ferner an dieser Abbildung, daß sich das Ende der Ausladung zu verdicken begonnen hat und daß diese die Anlage des Bulbus olfactorius darstellende Verdickung durch die medial und von der Stirnseite her einschneidende Furche bis an die Wurzel der Riechhirnausladung heran von dem Stirnteil der Hemisphäre isoliert ist und daß die Wurzel dieser Ausladung mit der Anlage des Bulbus olfactorius nur durch einen ganz kurzen, kaum verjüngten Stiel, der die Anlage des Tractus olfactorius darstellt, verbunden ist. Die Riechhirnausladung zeigt also jetzt im Bereich ihrer Wurzel eine basial und medial gerichtete und im Bereich der Anlage des Tractus olfactorius eine medial und frontal eingestellte Biegung ihres Lumens.

Noch deutlicher treten die geschilderten Veränderungen an der Abb. 32, Tafel 9, der Basialansicht des Gehirns eines Keimlings von 44 mm S. S. Länge hervor. Bei einem Vergleich der Abb. 30, 31 und 32, Tafel 9, erkennt man nämlich erst recht, welch beträchtliche Veränderungen während der in Betracht kommenden Entwicklungszeit die Riechhirnausladung erleidet. Wie weit allerdings der Stirnpol der Hemisphäre das frontale Ende des Bulbus olfactorius überragt, ist freilich an diesen Abbildungen nicht ganz klar zu erkennen. Für diesen Zweck sind nur die Bilder von Profilaufnahmen geeignet, wie ich solche 1919 (1. T. H. A.) auf den Tafeln 7 und 8 veröffentlicht habe.

Aus der Sagittalschnittreihe durch den Kopf des Keimlings Pr 3 von 41·6 mm S. S. Länge meiner Sammlung, der nur um weniges jünger war als der Keimling, auf dessen Basialansicht des Gehirns sich die Abb. 32 bezieht, habe ich in Abb. 48 auf Tafel 11 das Lichtbild eines Schnittes wiedergegeben, an dem die Lagebeziehung des Bulbus olfactorius zur knorpeligen Nasenkapsel gut abzulesen ist. Der Schnitt hat die Anlage des Bulbus olfactorius und seine

Höhle ganz, von der Riechhirnwurzel und der Anlage des Tractus olfactorius aber nur deren mediale Wand so getroffen, daß an der Riechhirnwurzel die Eintrittstelle des N. terminalis aufscheint. Der frontale Abschnitt der Bulbusanlage ist von den an dieser Stelle dichtgedrängt an ihn herantretenden Fila olfactoria bedeckt. Sie reichen fast bis an das Ependym seiner Höhle heran. Von der primordialen Nasenkapsel sieht man wieder den Durchschnitt des Nasenrückenteiles ihres Seitenwandknorpels mit seinem Fortsatz x und kann im Vergleich mit der Abb. 47, Tafel 11, feststellen, um wieviel weiter okzipital von diesem Fortsatz das frontale Ende des Bulbus olfactorius des Pr 3 steht, als das des Gr 4. Kaudal von der Anlage des Bulbus olfactorius und etwas basial von ihm sind die Durchschnitte zweier kleiner Knorpelinseln sichtbar, die nichts anderes sind wie Teile der nun schon in Bildung begriffenen Lamina cribriformis der Nasenkapsel. Mißt man die Entfernung zwischen der Mündung des Canalis opticus in das Cavum cranii und dem Fortsatz x, so ergibt sich wieder eine beträchtliche Vergrößerung dieser Entfernung im Vergleich zu der zwischen der Chiasmaplatte und dem frontalen Ende des Bulbus olfactorius. Es ist also die scheinbare Verschiebung des Bulbus olfactorius in okzipitaler Richtung gegenüber dem Fortsatz x auf das erheblich stärkere sagittale Längenwachstum des frontal vom Canalis opticus gelegenen Abschnittes des knorpeligen Schädelgrundes zurückzuführen.

Wie sich die Riechhirnausladung zum Schädelgrund eines Keimlings von ungefähr der gleichen Entwicklungsstufe (er hatte eine S. S. Länge von 43 *mm*) verhält, zeigt auch die Abb. 36 auf Tafel 10. Dieselbe bringt das Lichtbild eines Kopfpräparates, an dem das Gebiet der vorderen und mittleren Schädelgrube dadurch freigelegt worden war, daß ich zuerst das Schädeldach zwischen dem Ansatze der noch allenthalben keilförmigen Tentoriumanlage und dem Stirnbein unmittelbar scheitelwärts von der Gegend der Lamina cribriformis und dann das Endhirn bis auf die beiden Riechhirnausladungen und das Zwischenhirn bis auf seinen basalsten, über dem Diaphragma sellae befindlichen Abschnitt entfernt hatte. Man sieht an der Abbildung das im Bereich des Hiatus spheno tentorialis durchschnittene Mittelhirn und die beiden aus ihm entspringenden Nn. oculomotorii, die an der gewöhnlichen Stelle im Bereich des Divergenzwinkels der beiden die basiale Fortsetzung des Tentoriumrandes bildenden Limb sphenopetrosi lateralis und medialis in die Dura mater des Schädelgrundes eindringen. Die Seitenteile der mittleren Schädelgrube sind eben erst angedeutet und kaum noch vertieft. Denn ihre frontale Begrenzung, die durch den von Dura überzogenen kaudalen Rand der knorpeligen Ala orbitalis (parva) gebildet wird, tritt als ganz niedriger Wulst nur erst ganz wenig hervor. Zu beiden Seiten der Mitte liegen den Alae orbitales in einiger Entfernung frontal von ihren Processus die beiden im Gebiete der Tubera olfactoria von den Großhirnhemisphären abgetrennten Riechhirnausladungen auf. Unmittelbar frontal von den sich beinahe berührenden Enden derselben ist die knorpelige Anlage der Crista galli sichtbar, die durch die Wegnahme des noch nicht fest mit ihr verbundenen Gewebes der Sichelanlage freigelegt worden war. Sehr schön zeigt unser Bild den Konvergenzwinkel der beiden medial, frontal und basial gerichteten Riechhirnausladungen. Jedenfalls liegen bei dem Keimling die Enden der beiden Bulbi olfactorii schon in einer größeren Entfernung kaudal vom Scheitelende des Nasenrückenteiles der primordialen Nasenkapsel. Bemerkenswert ist auch, wie sich der frontale Rand der knorpeligen Ala orbitalis im Bereich eines lichten Streifens an der von Dura überzogenen Schädelhöhlenfläche des Orbitaldaches abzeichnet.

Die Abb. 33 auf Tafel 9 zeigt das Lichtbild der Basialansicht des Gehirns eines Keimlings von 68 *mm* S. S. Länge, bei dem die Ausbildung der Tractus olfactorii im Vergleich zu dem Objekt der Abb. 32 schon wieder recht erhebliche Fortschritte gemacht hat. Dieselben sind nämlich inzwischen nicht nur bedeutend länger geworden, sondern es hat sich auch ihre Einstellung wesentlich verändert, indem sie, die früher stärker medial gerichtet waren, sich nun immer mehr sagittal einstellen, so daß der Konvergenzwinkel ihrer beiden Achsen ein wesentlich kleinerer geworden ist. Dabei hat sich aber der Zwischenraum zwischen den beiden Bulbi olfactorii noch nicht geändert.

Wie sich die Riechhirnausladungen bei einem ungefähr gleich weit entwickelten Keimling von 63 *mm* S. S. Länge zum Schädelgrund verhalten, zeigt ein Präparat, dessen Lichtbild die Abb. 37 auf Tafel 10 wiedergibt. Dasselbe war in ähnlicher Weise hergestellt worden, wie das in Abb. 36 wiedergegebene, nur hatte der zur Entfernung des Schädeldaches geführte Schnitt den medianen Teil der Tentoriumanlage mit entfernt, so daß dieselbe schon im Bereich des Mittelhirns in ihren Seitenteilen, also zweimal durchtrennt wurde, und man gut sehen kann, daß auch noch in dieser Entwicklungsstufe der mittlere Teil der Tentoriumanlage sehr schön keilförmig gestaltet ist und wie fast die ganze Anlage der Vierhügelplatte von ihr bedeckt wird. Trotzdem sich die Riechhirnausladungen nicht unerheblich verlängert haben, ist der Abstand der frontalen Enden der Bulbi olfactorii von dem Stirnbeinrande des Nasenrückenteiles der knorpeligen Nasenkapsel nicht unerheblich größer geworden. Außerdem sieht man bereits, wie über dem frontalen Teil der Lamina cribriformis, dieser aufliegend Fila olfactoria, die etwas weiter frontal die letztere durchsetzen, in die Enden der Bulbi olfactorii eindringen. Die weitere Abnahme des Konvergenzwinkels zwischen den beiden Riechhirnausladungen ist auch an dem Präparat der Abb. 37 gut zu erkennen. Sehr deutlich ist wieder an der von Dura überzogenen Schädelhöhlenfläche des Orbitaldaches der frontale Rand der knorpeligen Ala orbitalis durch einen lichten Streifen gekennzeichnet. Die Seitenteile der mittleren Schädelgrube sind nun schon wesentlich stärker vertieft, und so springt auch der Okzipitalrand der Ala orbitalis schädelhöhlenwärts wesentlich deutlicher vor. Noch aber ragt der Seitenteil der mittleren Schädelgrube nicht unter ihn hinein.

Die Abb. 49, Tafel 12, zeigt den Teil eines Sagittalschnittes durch den Kopf des Keimlings Ke 7 von 68 *mm* S. S Länge, an dem der mediale Abschnitt des rechten Bulbus olfactorius getroffen und das Lumen seines Hohlraumes angeschnitten ist. Man sieht an der Abbildung besonders schön, wie groß bereits die Entfernung zwischen dem frontalen Bulbusende und dem Fortsatz x der primordialen Nasenkapsel geworden ist. Da bei diesem Keimling auch die Lamina cribriformis bereits knorpelig angelegt ist, bemerkt man bei genauerer Betrachtung des Schnittes drei schief durchschnittene Fila olfactoria, die alle drei Öffnungen dieser Lamina zustreben, die frontal vom Stirnende des Bulbus olfactorius gelegen sind. Weiter fällt an dem Durchschnitt des Bulbus olfactorius frontal von dem Ependym seines Lumens eine scharf gegen das übrige Bulbusgewebe abgegrenzte Insel stärker tingierter Zellen auf. Wie die Durchsicht der Schnittreihe lehrt, handelt es sich in dieser Insel um den Durchschnitt des frontalen Endes der medialen ependymalen Wand des Bulbusabschnittes des Ventriculus olfactorius. Der letztere ist nämlich in eigentümlicher Weise gekrümmt. Seine erste annähernd sagittal eingestellte Krümmung ist fast rechtwinkelig und befindet sich an der Stelle, an welcher die Riechhirnwurzel, das spätere Tuber olfactorium, in den Tractus olfactorius übergeht. Dieser Krümmung folgt eine zweite leicht S-förmige, in einer horizontalen Ebene gelegene Krümmung, die anscheinend eine Besonderheit dieses Keimlings darstellt. Der erste Teil dieser, wie es scheint, bereits der Bulbusanlage angehörigen Krümmung wendet seine Konvexität der Mitte zu. In ihrem Bereich erscheint an der Abb. 49 das Lumen des Ventriculus olfactorius medial angeschnitten. Der zweite Teil der Krümmung ist medial konkav, und so kommt es, daß das frontale Ende der ependymalen medialen Wand des Ventriculus olfactorius vom Schnitte eben noch getroffen wurde und als umschriebene Zellinsel an der Abb. 49 aufscheint. Auch an der linken Bulbusanlage von Ke 7 ließ sich die gleiche Biegung des Ventriculus olfactorius feststellen.

Die Abb. 50, Tafel 12, zeigt ungefähr den gleichen Abschnitt eines Sagittalschnittes durch den Kopf des Keimlings St. Sp. von 73·5 *mm* S. S. Länge. An ihm ist auch wieder, wie die Abb. 50 zeigt, die rechte Riechhirnausladung, und zwar ziemlich genau ihrer ganzen Länge nach durchschnitten. Man kann an der Abbildung leicht feststellen, daß das frontale Ende des Bulbus olfactorius 1·62 *mm* von dem Fortsatz x, also wieder um 0·6 *mm* weiter von ihm entfernt ist wie bei dem Keimling Ke 7 (vgl. Abb. 49). Hinzufügen will ich gleich, daß auch inkerseits diese Entfernung ungefähr gleich groß ist. Wie die Abbildung zeigt, bedeckt der

Bulbus nur den okzipitalen Teil der Lamina cribriformis, an dem im Bereich des Schnittes keine Öffnungen sichtbar sind. Wohl aber befinden sich in diesem Teil der Lamina sowohl medial wie lateral von der Ebene des Schnittes je zwei solche Öffnungen, von denen die beiden frontalen unmittelbar basal vom distalen Bulbusende, die beiden anderen basal und etwas okzipital von ihm liegen. Wie das Studium der Schnittreihe zeigte, treten infolgedessen alle Fila olfactoria, welche die frontal vom Bulbus olfactorius befindlichen Öffnungen der Lamina cribriformis passieren, in die basiale Schichte des frontalen Endes des Bulbus olfactorius ein. Nur die zwei okzipitalen Fila der beiden Reihen, der medialen und der lateralen, erreichen die basiale Fläche des Bulbus olfactorius direkt. Dabei zeigen diese beiden Fila der medialen Reihe insofern einen eigenartigen, bogenförmigen Verlauf, als sie in okzipitofrontaler Richtung schief gegen die entsprechenden Foramina der Lamina cribriformis aufsteigen und sich, nachdem sie dieselben passiert haben, bis zur Berührung nähern. Sie entfernen sich aber dann sogleich wieder voneinander. Das frontale Filum erreicht den Bulbus ganz nahe seinem frontalen Ende, während sich das okzipitale weiter okzipital dem Lager markloser Nervenfasern anschließt, welches die basiale Fläche des Bulbus bedeckt. Der Bogen, welchen das frontale Filum während seines Verlaufes beschreibt, ist dabei ein ganz flacher, während der von dem okzipitalen Filum gebildete sehr viel stärker gekrümmt ist. Der frontalste Punkt der von diesen beiden Fila gebildeten Bogen liegt scheitelwärts von der Lamina cribriformis an der Stelle, an welcher sich dieselben berühren oder miteinander verbunden sind.

Bei einem Keimling von 105 mm S. S. Länge (vgl. Abb. 34, Tafel 9) sind die beiden Tractus olfactorii wieder etwas länger und der Konvergenzwinkel ihrer beiden Achsen wieder etwas kleiner geworden, als er bei den jüngeren von mir untersuchten Keimlingen war. Außerdem hat sich aber der Zwischenraum der beiden Tractus und Bulbi olfactorii etwas vergrößert, so daß man jetzt medial von ihren medialen Rändern die Mantelkanten der beiden Hemisphären und zwischen den letzteren die Mantelspalte mit Resten der Anlage der Großhirnsichel sieht. Wie diese Vergrößerung der Entfernung zwischen beiden Tractus und Bulbi olfactorii zustande kommt, ist mit Sicherheit nicht leicht zu sagen bzw. festzustellen. Wahrscheinlich ist dieselbe dadurch bedingt, daß das Breitenwachstum der Stirnteile der Hemisphären in der Weise vor sich geht, daß die Wurzeln der Riechhirnausladungen, die ja die Anlagen der Tubera olfactoria darstellen, und mit ihnen die Tractus und die proximalen Teile der Bulbi olfactorii nach der Seite hin verlagert werden.

Wie sich bei einem Keimling der gleichen Länge die Riechhirnausladung zur Anlage der knorpeligen Nasenkapsel verhält, zeigen wenigstens bis zu einem gewissen Grade die beiden in den Abb. 51 und 52, Tafel 12, wiedergegebenen Lichtbilder von Abschnitten zweier Sagittalschnitte durch die rechte Hälfte des Kopfes des Keimlings E 7 meiner Sammlung. Abb. 52 betrifft einen Schnitt, der die Anlage des Tuber olfactorium sowie den Tractus und Bulbus olfactorius ihrer ganzen Länge nach getroffen hat. Auch der Hohlraum der Riechhirnausladung, der Ventriculus olfactorius, ist von dem Schnitt zum größten Teil seiner Länge nach getroffen. Es fehlt von ihm nur ein kleines Stück, nämlich das, welches seinen Tractusabschnitt mit seinem dem Tuber olfactorium angehörigen Mündungsabschnitt in die Seitenkammer verbindet. Der Mündungstrichter[1] des Riechhirnhohlraumes erscheint an der Abb. 51 nur medial angeschnitten. Ein 0·2 mm weiter seitlich geführter Schnitt hat die Verbindung des Mündungstrichters mit dem Tractusabschnitt jedoch bereits getroffen.

Wenn ich dabei von einem Mündungstrichter spreche, so muß ich dazu bemerken, daß es sich dabei um einen ziemlich stark in frontookzipitaler Richtung zusammengedrückten, im Querschnitt halbmondförmigen Trichter handelt, an dessen Ende sich ein gleichfalls in fronto-

---

[1] Was die Lage des Mündungstrichters auf dem Boden des Vorderhorns der Seitenkammer und seine Umgebung anbelangt, so verhalten sich dieselben noch ziemlich gleich wie bei den Keimlingen Peh 2 (von 46·5 mm S. S. Länge) und E 3 (von 87 mm S. S. Länge) meiner Sammlung. Ich verweise diesbezüglich auf das in Fig. 41, Tafel VII, abgebildete Teilmodell des Gehirns von Peh 2 und die in den Fig. 107 bis 110 auf Tafel XXIII abgebildeten Frontalschnitte durch den Kopf von E 3 (1. T. H. A.) sowie auf das ebenda 1919 auf S. 146 Gesagte.

okzipitaler Richtung zusammengedrücktes, einen ähnlichen Querschnitt aufweisendes, kurzes, röhrenförmiges, der Anlage des Tuber olfactorium angehöriges Stück des Riechhirnhohlraumes anschließt. Dieser übergeht dann ohne scharfe Grenze in den Tractusabschnitt des Hohlraumes, der ein Rohr von elliptischem Querschnitt darstellt.

Der Bulbusteil des Riechhirnhohlraumes ist hingegen (vgl. Abb. 51) ganz unregelmäßig gestaltet, indem er durch Wucherungen seiner ependymalen Wand in Unterabteilungen zerlegt erscheint. In der Tat aber hängen, wie die Durchsicht der Schnittreihe lehrt, alle diese Unterabteilungen noch miteinander zusammen und münden mittels zweier kurzer, enger, röhrenförmiger Kanälchen in das etwas erweiterte Anfangsstück des dem Tractus olfactorius angehörigen Hohlraumteiles.

Wenn ich soeben von Wucherung des Ependyms der Wand des Bulbushohlraumes gesprochen habe, so hat dies seinen guten Grund. Allerdings beginnt diese Wucherung, die schließlich zur völligen Verödung des Ventriculus olfactorius führt, erst verhältnismäßig spät. Denn in der Regel ist noch bei Keimlingen bis zu 70 mm S. S. Länge die ependymale Wand des Bulbusteiles des Ventriculus olfactorius vollkommen glatt. Der jüngste Keimling, bei dem ich den Beginn einer solchen Wucherung feststellen konnte, ist der als St. Sp. bezeichnete von 73·5 mm S. S. Länge, über dessen Bulbus im vorausgehenden bereits berichtet wurde. Wie die Abb. 50, Tafel 12, zeigt, erscheint bei ihm die Wucherung in Form einer einfachen, niedrigen, lumenwärts gerichteten pilzförmigen Ausladung des Ependyms der dem Stirnhirn anliegenden Bulbuswand. Dieselbe besitzt je einen frontalen und okzipitalen, im Querschnitt elliptischen, platten, mit scharfer Spitze endigenden Fortsatz. Im Bereich dieser Fortsätze erscheint der Querschnitt des Lumens des Bulbus wie ein zusammengedrückter Ring, während er dort, wo die Ausladung an der ependymalen Wand festsitzt, die Gestalt eines zusammengedrückten türkischen Halbmondes hat. Die Wucherung hat von Spitze zu Spitze gemessen eine Länge von 0·44 mm und ihr Zusammenhang mit der parietalen Wand des Bulbus eine solche von 0·25 mm. Sie reicht also in proximaler Richtung jedenfall nichts über das proximale Ende des Bulbus hinaus.

Bei dem Keimling E 6 meiner Sammlung von 87 mm S. S. Länge, dessen Riechhirnausladungen an den in den Fig. 107 bis 111, Tafel 23 (1. T. H. A.), abgebildeten Frontalschnitten getroffen erscheinen und an denen man die eigentümliche, aber charakteristische Schiefstellung der Bulbi olfactorii und ihrer Lumina gut erkennen kann, ist der Beginn der Wucherung der ependymalen Wand der Bulbi auch bereits im Gange. Doch finden sich im Bulbus olfactorius dexter dieses Keimlings an seiner dem Stirnhirn zugewendeten ependymalen Wand an Stelle nur einer Wucherung deren drei, die in frontookzipitaler Richtung hintereinanderliegen, aber verhältnismäßig sehr kurz sind und untereinander nicht zusammenhängen. Im linken Bulbus olfactorius hingegen war ungefähr an der gleichen Stelle nur eine Wucherung festzustellen, die sich aber auch nur über eine Strecke von 0·08 mm erstreckt.

In den Bulbi olfactorii des Keimlings W 4 meiner Sammlung von 91·5 mm S. S. Länge ist die Ependymwucherung schon sehr viel mächtiger geworden. Sie hat, weil auch die Bulbi selbst an Länge zugenommen haben, eine größere Länge, die rechts 1·2 mm, links 1·74 mm beträgt. Wie die Anlage der Wucherung bei dem Keimling ausgesehen haben mag, ließ sich begreiflicherweise nicht mehr feststellen. Im linken Bulbus beginnt sie distal mit einem kurzen, frei ins Lumen hineinragenden Ende. Dann folgte eine Strecke, im Bereich deren zwei Lumina, ein mediales und ein laterales, nachzuweisen waren. Das heißt, die Wucherung, die wahrscheinlich an dieser Stelle von der Stirnhirnwand des Bulbus ihren Ausgang genommen hatte, war mit dem Ependym der gegenüberliegenden Wand verwachsen. Dann folgt wieder eine kurze Strecke, im Bereich deren die Wucherung nur am Ependym der basialen Bulbuswand haftet, der Querschnitt des Lumens also halbmondförmig ist. Ihr folgt dann wieder eine Strecke, in welcher zwei Lumina vorhanden sind, in welcher also die Wucherung mit dem Ependym beider Bulbuswände zusammenhängt. Dann schließt eine Strecke an, in der sich die Wucherung von der basialen Wand wieder getrennt hat, und so das Lumen des Bulbusquerschnittes wieder halbmondförmig erscheint. Dann folgt wieder eine Strecke mit zwei Lumina und weiter eine, deren Lumenquerschnitt halbmondförmig ist, wobei sich die Öffnung des Halbmondes stirnhirnwärts wendet. Schließlich endigt die Wucherung mit einem 0·48 mm langen, zungenförmigen, proximal verjüngten, frei im Lumen gelegenen Fortsatz.

Rechterseits liegen die Verhältnisse ähnlich. Das heißt, auch rechts konnten im Bulbus an drei aufeinanderfolgenden Stellen je zwei Lumina, ein mediales und ein laterales, nachgewiesen werden. Nur beginnt distal die Wucherung nicht mit einem in das Lumen hineinragenden Fortsatz, sondern mit einem das Bulbuslumen von Haus aus in zwei Lumina teilenden, an der ependymalen Bulbuswand zuerst distal und dann lateral sowie medialbasial haftenden Abschnitt. Dabei ist das proximale zungenförmige Endstück der Wucherung nur 0·24 mm lang.

In der Folge führen die geschilderten Ependymwucherungen dann dazu, daß die Zahl der Einzellumina im Bulbus noch weiter zunimmt. Dabei hängen dann aber, wie das bei dem Keimling W 12 von 130 mm S. S. Länge der Fall ist, diese Lumina größtenteils untereinander nicht mehr zusammen, und es ist im Bereich der Wucherungen der ependymale, also epitheliale Charakter der Zellen, der früher schon ganz undeutlich geworden war, völlig verlorengegangen. Nur in der unmittelbaren Nachbarschaft des Tractus olfactorius fand ich noch zwei Lumina, die mit dem Lumen des glattwandigen Tractushohlraumes in Verbindung standen. Bei einem Keimling von 143 mm S. S. Länge waren aber bereits alle Lumina im Bereiche des Bulbus olfactorius verschwunden, während an die Stelle seines Hohlraumes und die seiner epithelialen Auskleidung ein aus rundlichen, mit intensiv gefärbten Kernen versehenen Zellen bestehender Kern getreten, also der Bulbus ganz solide geworden ist. Im Bereich des Tractus olfactorius hingegen war der Riechhirnhohlraum als Rohr von elliptischem Querschnitt und normaler ependymaler Auskleidung noch vollständig erhalten.

Bei einem Keimling von 193 mm S. S. Länge, dessen eine in eine Querschnittsreihe zerlegte Riechhirnausladung ich untersuchen konnte, war nun auch der Tractusabschnitt ihres Hohlraumes bereits in Rückbildung begriffen. Und zwar hatte dieselbe an dem Bulbusende des Tractus begonnen. In der Achse dieses Endes taucht nämlich plötzlich ein überaus enges, kaum sichtbares zentrales Lumen auf. Dasselbe besitzt nur noch an seiner basialen bzw. ventralen Wand eine epitheliale Auskleidung, während die Überkleidung der gegenüberliegenden Wand von rundlichen Zellen gebildet wird. Das Lumen ist an vielen Stellen nur punktförmig und verschwindet stellenweise gänzlich, so daß man nur an dem Vorhandensein einer kleinen Gruppe von Epithelzellen erkennt, daß vor kurzem an der Stelle noch ein Rest des Hohlraumes vorhanden war. Die Länge dieses distalen Tractushohlraumrestes beträgt 0·46 mm. Auf diese Strecke des Tractus folgt dann eine von 0·37 mm Länge, im Bereich deren überhaupt nichts mehr von einem Hohlraume oder von Resten seiner epithelialen Wand nachweisbar ist. Plötzlich taucht dann wieder ein etwas weiteres Lumen auf, dessen Querschnitt sehr bald halbmondförmig wird, wobei die Zellen der gegen das Lumen zu vorspringenden Wand ihren epithelialen Charakter verloren haben. Nach 0·08 mm verbindet sich der von diesen Zellen gebildete Längswulst in einer Strecke von 0·05 mm Länge mit den Ependymzellen der gegenüberliegenden Wand, so daß im Bereich dieser Strecke zwei Lumina vorhanden sind. Dann folgt wieder eine Strecke von 0·36 mm, in der das Lumen des Tractusrohres halbmondförmig ist. Und von da an wird der Querschnitt seines Lumens allmählich elliptisch. Nach einer Strecke von 0·46 mm wird dann dieser Querschnitt wieder halbmondförmig, um nach einem Verlauf von 0·11 mm wieder die elliptische Querschnittsform anzunehmen und in den Tuber olfactorium-Abschnitt überzugehen. Aus den gemachten Angaben erhellt somit, daß die Rückbildung des Tractushohlraumes nicht gleichmäßig, an seinem Bulbusende beginnend, in der Richtung gegen das Tuber olfactorium zu fortschreitet, sondern daß diese Rückbildung an verschiedenen Stellen ziemlich gleichzeitig einzusetzen scheint.

Der älteste Keimling, dessen beide Riechhirnausladungen ich untersuchen konnte, hatte eine S. S. Länge von 220 mm. In der einen Ausladung fehlte jede Spur eines Hohlraumes sowohl im Bulbus wie im Tractus, während in der anderen in dem proximalen Abschnitt des Tractus noch ein wohlentwickelter, von Ependymzellen ausgekleideter Kanal nachzuweisen war, der sich in etwa 1·5 mm Entfernung vom Bulbus gabelte. Seine beiden leicht divergierenden Wurzeläste ließen sich bulbuswärts noch etwa 0·4 mm weit verfolgen. Von dem Sporn der Gabelungsstelle ging ein aus rundlichen Zellen bestehender Strang aus, der nach kurzem, etwa 0·1 mm langem Verlaufe, währenddessen er das Lumen des Tractushohlraumes bis auf einen zylindrischen Spalt verlegte, mit scharfer Spitze endigte. Daß schließlich der Riechhirnhohlraum auch in seinem Tuber olfactorium-Abschnitt, also vollständig, verschwindet, ist ja eine bekannte Tatsache.

Kehren wir nun nach dieser Abschweifung wieder zu dem zurück, was an Abb. 51, Tafel 12, weiter zu sehen ist, so kann darüber folgendes gesagt werden. Basial vom Bulbus olfactorius befindet sich der Durchschnitt des okzipitalen Teiles der bereits wohlausgebildeten Lamina cribriformis. Das frontale, zugeschärfte Ende des abgeplatteten Bulbus olfactorius liegt nämlich jetzt schon in ansehnlicher Entfernung (2·5 mm) von dem Fortsatz x der primordialen knorpeligen Nasenkapsel, etwa in der Mitte der Länge der Lamina cribriformis. Infolgedessen müssen die Fila olfactoria, welche durch die ziemlich zahlreichen, frontal vom Bulbus olfactorius gelegenen Öffnungen der Lamina cribriformis hindurchtreten, um in den Bulbus eintreten zu können, von ihrem Eintritt in das Cavum cranii an, eine verschieden lange Strecke auf der Lamina cribriformis zurücklegen, um sein Ende zu erreichen.[1] Das proximale Ende des Bulbus und der an dasselbe angeschlossene Tractus olfactorius schließen mit dem okzipitalen Abschnitte der Lamina cribriformis einen spitzen Winkel ein. So kommt es, daß der in die Anlage des Tuber olfactorium übergehende Teil des Tractus olfactorius scheitelwärts über den Teil des knorpeligen Primordialcraniums zu liegen kommt, aus dem sich in der Folge der Teil des Keilbeines entwickelt, der das Planum sphenoideum trägt. Basial von der Stelle, an welcher der Tractus in den Bulbus olfactorius übergeht, sieht man ferner den Durchschnitt der A. ethmoidea anterior. Dieselbe ist dort getroffen, wo sie im Begriff ist, auf die Lamina cribriformis überzugehen. Ein zweiter längsgetroffener Arterienstamm liegt noch an die Lamina cribriformis angeschlossen zwischen dieser und dem Bulbus olfactorius und ragt noch ein gutes Stück über das frontale Ende der letzteren hinaus. Es handelt sich bei ihm um die A. meningica frontalis.

Die Abb. 52, Tafel 12, zeigt den Durchschnitt der medialen Randpartie des Bulbus und der Anlage des Tuber olfactorium. Das letztere ist tangential an der Stelle getroffen, an welcher der N. terminalis in dasselbe eindringt. Die Lagebeziehungen auch dieses Teiles des Bulbus olfactorius zur Lamina cribriformis sind ähnlich wie an dem in Abb. 51 wiedergegebenen Schnitt, nur sieht man an der Abb. 52 eine größere Zahl von Fila olfactoria getroffen, welche die Öffnungen der Lamina cribriformis durchsetzen. Besonders eindrucksvoll aber kommt an dieser Abbildung die bedeutende Entfernung zwischen dem Fortsatz x der knorpeligen Nasenkapsel und dem frontalen Ende des Bulbus olfactorius zur Geltung und wie lange die Wegstrecke ist, welche die frontalsten Fila olfactoria nach ihrem Eintritt in die Schädelhöhle auf der Lamina cribriformis zurückzulegen haben, um dieses Ende zu erreichen.

Mein Erstaunen, als ich die im vorausgehenden geschilderten Lageverhältnisse des Bulbus olfactorius zur Lamina cribriformis festgestellt hatte, war groß und es wuchs noch weiter, als ich bei der Untersuchung einer Anzahl von wesentlich älteren Föten fand, daß sich an der Lage dieser beiden Teile zueinander in der Folge nicht mehr viel geändert haben könne. Nur konnte ich allerdings bei dieser Untersuchung wahrnehmen, daß die Lage des Bulbus der Lamina cribriformis gegenüber insofern eine bis zu einem gewissen Grade individuell wechselnde ist, als nämlich die Entfernung zwischen dem Ende des Bulbus und dem frontalen Rande der Lamina cribriformis bei gleich alten Föten keineswegs immer gleich groß ist und

---

[1] Es sind dies die Fila olf., die wie auf S. 54 erwähnt wurde, schon an dem in Abb. 37, Tafel 10, wiedergegebenen Präparat eines Keimlings von 68 mm S. S. Länge zu sehen waren.

daß auch gar nicht so selten diese Entfernung auf beiden Seiten eines und desselben Individuums eine verschiedene ist, wobei dann manchmal, wie ich in zwei Fällen feststellen konnte, auf der Seite der größeren Entfernung ein kürzerer Tractus und Bulbus olfactorius vorhanden war, also eine ziemlich auffallende Asymmetrie zwischen den Riechhirnausladungen beider Körperseiten bestand. Jedenfalls dürfte von der Entwicklungsstufe an, in welcher sich die Riechhirnausladung des Keimlings E 7 befindet, eine weitere Inkongruenz zwischen dem Längenwachstum dieser Ausladung und dem der Lamina cribriformis sowie dem Wachstum der an die letztere okzipital unmittelbar anschließenden Teile des knorpeligen Primordialkraniums, also insbesondere des Teiles, der bis an die zerebralen Mündungen des Canales optici heranreicht, nicht mehr bestehen. Vielmehr dürfte von diesem Zeitpunkt an die Riechhirnausladung und die in ihrem Bereich befindlichen Teile des Kraniums bezüglich ihres Längenwachstums ziemlich gleichen Schritt halten. Denn nur so ist es verständlich, daß die Lageverhältnisse der beiden zueinander in der Folge sich nicht mehr ändern.

Um dem Leser vor Augen zu führen, wie sich bei älteren Föten die Lagebeziehungen der Riechhirnausladungen zum Schädelgrunde verhalten, habe ich in den Abb. 38 und 39, Tafel 10, zwei Lichtbilder von Schädelgrundpräparaten wiedergegeben, die sich auf zwei Föten beziehen, von denen der eine eine S. S. Länge von 135 *mm*, der andere aber eine solche von 210 *mm* hatte. Beide Präparate waren in ähnlicher Weise hergestellt worden wie die in den Abb. 36 und 37, Tafel 10, wiedergegebenen. An der Abb. 38 ist gut zu sehen, wie stark sich bei dem Keimling schon im Vergleich mit dem Objekt der Abb. 37 die Seitenteile der mittleren Schädelgrube vertieft haben, was auch dadurch sinnfällig wird, daß die unmittelbare frontale Fortsetzung der beiden Begrenzungsränder der Incisura tentorii, die Limbi sphenopetrosi laterales, schon sehr stark vorspringen, so daß dadurch die Gegend der Fossa hypophyseos gegenüber dem Grunde der Seitenteile der mittleren Schädelgrube entsprechend gehoben erscheint. Zu beiden Seiten des erhaltenen basialsten, das Diaphragma sellae verdeckenden Teiles des Zwischenhirnbodens sieht man die Lumina der Aa. cerebrales mediae, die unmittelbar scheitelwärts von den Abgangsstellen der Aa. cerebrales anteriores quer durchschnitten worden waren. Frontal von den sichtbaren Anfangsstücken der letzteren und medial von den Vorsprüngen, welche durch die Processus alarum orbitalium verursacht sind, liegen die im Bereich ihrer Wurzel quer durchschnittenen Tubera olfactoria, an welche sich die noch relativ kurzen Tractus und Bulbi olfactorii anschließen. Die Tractus olfactorii, deren Konvergenzwinkel ein verhältnismäßig kleiner ist, liegen dem Planum sphenoideum auf, während die Bulbi olfactorii etwas mehr als die okzipitalen Hälften der Rinnen ausfüllen, deren Grund die von Dura mater überkleidete Lamina cribriformis bildet. Diese Rinnen, ich werde sie in der Folge Fossae olfactoriae nennen, werden frontal von einem bogenförmigen, mit seiner Konkavität okzipital gerichteten, ganz niedrigen Durawulst begrenzt, während ihre laterale, wenig scharf ausgeprägte Abgrenzung durch die Linie gegeben ist, entlang deren sich die Ränder der Partes orbitales der Stirnbeinanlagen an die Lamina cribriformis anlagern. Gegeneinander aber sind die beiden Fossae olfactoriae durch die Crista galli und den basialen Ursprung der Großhirnsichel abgegrenzt. Wie die Abb. 38, Tafel 10, auf das deutlichste zeigt, schließt sich an das zugeschärfte frontale Ende beider Bulbi olfactorii ein Bündel von Fila olfactoria an, das, eingebettet in durales Gewebe, frontal verschwindet, bevor es den frontalen Begrenzungsrand der Fossa olfactoria erreicht hat.

An dem in Abb. 39, Tafel 10, wiedergegebenen Präparat war auch der basialste Teil des Zwischenhirns entfernt worden, nachdem ich das Ende des Trichterfortsatzes und die beiden Fasciculi optici nahe dem Chiasma durchtrennt hatte. Auf diese Weise wurde das Diaphragma sellae, das Dorsum sellae und die beiden durch die Processus alarum orbitalium bedingten Vorsprünge, an denen die Limbi sphenopetrosi laterales endigen, völlig bloßgelegt. Frontal von den beiden Öffnungen, in denen die Fasciculi optici verschwinden, wurden die Riechhirnausladungen dort durchtrennt, wo die Tractus olfactorii in die Tubera olfactoria übergehen. Die letzteren liegen nämlich bei Föten dieses Alters genau scheitelwärts von der

Stelle, an welcher die Canales fasciculorum opticorum in die Schädelhöhle münden. Die relativ lang gewordenen und auch stark verbreiterten Tractus olfactorii[1] liegen mit ihren ebenen Flächen dem Planum sphenoideum auf, während ihre den Verhältnissen des Sulcus olfactorius der orbitalen Fläche des Stirnlappens der Hemisphäre angepaßte, durch eine stumpfwinkelige, längs verlaufende Kante zweigeteilte Fläche dem Beschauer zugewendet ist. Die Bulbi olfactorii aber füllen mehr als die okzipitalen Hälften der Fossae olfactoriae aus. Dabei ist der eine Bulbus um ein ganz Geringes kürzer als der andere. An beide schließt aber auch wieder ein plattes, in durales Gewebe eingelagertes Bündel von Fila olfactoria an. Die frontalen Grenzen der Fossae olfactoriae, die an dem Objekt nicht so deutlich ausgeprägt sind wie an dem in Abb. 38 wiedergegebenen, liegen ungefähr an der Stelle, an welcher der durch den erhaltenen Teil des Stirnbeines bedingte Schlagschatten endigt. Jedenfalls zeigt auch das Ende des rechterseits vom Durchschnitte der Sichel sichtbaren Wulstes der etwas asymmetrisch gestalteten Crista galli, daß die Bulbi olfactorii weit davon entfernt sind, die Fossae olfactoriae ganz auszufüllen.

Nach den im obigen mitgeteilten, an den zwei ältesten Keimlingen gemachten Beobachtungen war mir klar geworden, daß sich wohl auch zur Zeit der Geburt noch nicht viel an dem Verhalten und der Lage der Bulbi und der Tractus geändert haben werde und daß möglicherweise, ja sogar wahrscheinlich auch noch beim Erwachsenen Verhältnisse bestehen könnten, die mit den bei älteren Keimlingen beobachteten eine gewisse Übereinstimmung zeigen würden, Verhältnisse, die ich mir leider, ich muß dies zu meiner Schande eingestehen, nie des Genaueren angesehen hatte.

Da ich zunächst keine Möglichkeit hatte, mir Köpfe von Neugeborenen und Erwachsenen, deren Gehirne gut in situ fixiert worden waren, zu beschaffen, um mir an denselben die mich nunmehr lebhaft interessierenden Verhältnisse anzusehen, nahm ich mir vorerst das deutsche Schrifttum über den Gegenstand vor. Der Erfolg war jedoch ein so gut wie völlig negativer, denn nirgends fand ich genauere Angaben darüber, wie sich die Bulbi olfactorii und die Fila olfactoria zu den Fossae olfactoriae und den Laminae cribriformes verhalten.

In der Regel werden die allen Anatomen wohlbekannten Abbildungen von Hirschfeld und Leveillé wiedergegeben und an ihrer Hand die Verhältnisse erläutert. Es sind dies Bilder, die ja allerdings sehr schön aussehen, aber doch, wie ich später feststellen konnte, keineswegs als naturgetreu bezeichnet werden können. Jedenfalls zeigen an ihnen die Bulbi olfactorii eine Gestalt, die, wie ich jetzt sehe, ihrer wahren Gestalt nur ganz entfernt ähnlich sieht, und auch der Verlauf der am weitesten frontal gelegenen Fila olfactoria ist ein anderer wie in der Wirklichkeit. Ebensowenig befriedigend sind auch, soweit dieselben den Bulbus olfactorius betreffen, die Bilder, welche J. Henle (1861) und Fr. Merkel gebracht haben. Aber auch mit dem in Fig. 1389 des von mir herausgegebenen Toldtschen Atlas wiedergegebenen Bilde bin ich nach dem, was ich inzwischen zu sehen Gelegenheit hatte (vgl. weiter unten), durchaus nicht mehr zufrieden.

Wirklich gute, naturgetreue Abbildungen der beiden Flächen des Bulbus und Tractus olfactorius brachte hingegen (1896) G. Retzius (vgl. seine Fig. 11 und 12 auf Tafel 32, welche diese Riechhirnteile eines 64 jährigen Mannes betreffen) und auch die Beschreibung, welche dieser Forscher auf S. 69 von diesen Teilen gibt, kann ich nach allem, was ich inzwischen

---

[1] Auffallend ist bei dem Keimling die Breite der Tractus und der Bulbi olfactorii. Dieselben sind wesentlich breiter wie bei dem neugeborenen Mädchen, dessen Tractus und Bulbi olfactorii in der Abb. 40 wiedergegeben sind. Nach den von mir gemachten und im nachfolgenden noch zu schildernden Beobachtungen variiert auch beim Neugeborenen die Breite der Bulbi und Tractus olfactorii nicht unwesentlich, und wahrscheinlich wird ein gleiches auch bei älteren Keimlingen der Fall sein. Stets aber ist auch noch bei älteren Föten die ganze Riechhirnausladung relativ, d. h. im Vergleiche mit dem Volumen der zugehörigen Großhirnhemisphäre sehr viel umfangreicher als beim Neugeborenen und Erwachsenen. Sie hält also, was ihre Größenzunahme anbelangt, während der späteren Zeit des Intrauterinlebens und nach der Geburt keineswegs mehr gleichen Schritt mit der Volumszunahme der Großhirnhemisphäre.

gesehen habe, als durchaus zutreffend bezeichnen. Ich gebe dieselbe deshalb im folgenden wortgetreu wieder. Über den Bulbus olfactorius sagt Retzius, daß seine Gestalt und Größe „recht sehr wechsle". „Die Gestalt ist zwar immer oval oder abgeplattet bohnenförmig mit einer unteren, feinhöckerigen (granulierten), schwach gewölbten Fläche, welche sich ziemlich scharf vom Tractus absetzt (Fig. 11, Tafel 32, Fig. 11, Tafel 33), der mediale Rand ist gewöhnlich mehr konvex als der laterale. Am vorderen Rand schießen die stärksten Fila olfactoria hervor. Die obere Fläche (Fig. 12, Tafel 32) ist nur am Rande granuliert, sonst aber dadurch charakterisiert, daß sich der obere Faszikel des Tractus auf ihr eine Strecke firstenförmig fortsetzt, um sich dann gewissermaßen radierend in einzelne Bündel auszubreiten. Wieviel die Gestalt und die Größe der Bulbi wechseln können, läßt sich schon aus der Betrachtung der auf der Tafel 33 (Fig. 11) und Tafel 32 (Fig. 8, 11, 12, 13 und 14) wiedergegebenen Exemplare ersehen. Sogar bei demselben Individuum (Fig. 11 der Tafel 33; Fig. 8 der Tafel 32) sind sie oft recht verschieden. Der Tractus wechselt ebenfalls in Form und Länge, so daß er sogar bei demselben Menschen (Fig. 8 der Tafel 32) bald kürzer, bald länger ist, und bald in der ganzen Ausdehnung (Fig. 10 der Tafel 33), bald nur in den vorderen Teilen (Fig. 8, 13 und 14 der Tafel 32) breit und abgeplattet erscheint, in der Regel ist er jedoch schmäler und im Querschnitt ausgesprochen dreieckig, indem sich an seiner oberen Seite eine scharfe Firste findet (Fig. 12 der Tafel 32); diese Firste lagert dem engen, aber tiefen Sulcus olfactorius an und läßt sich oft längs des ganzen Tractus nachweisen."

Besonders wichtig an dieser Beschreibung von Retzius ist auch der Hinweis darauf, daß die stärksten Fila olfactoria an das (gewöhnlich etwas verdünnte) Ende des Bulbus olfactorius herantreten. Über die Lagebeziehung des letzteren zur Lamina cribriformis machte Retzius keinerlei Angaben. Solche fand ich hingegen wieder bei Hovelacque, der 1927 auf S. 46 folgendes schreibt: „Dans la grande majorité des cas la face inférieure du bulbe olfactif ne regarde pas directement en bas, mais en bas et en dehors, le bulbe repose dans sa fosse osseus surtout par son bord interne; il en résulte que les nerfs de la rangée interne atteignent le bulbe au niveau de son bord interne, et que les nerfs de la rangée externe l'atteignent par sa face inférieure non loin de son bord interne (Albert Trolard)." Auch diese Angabe dürfte für die Mehrzahl der Fälle zutreffen. Darüber freilich, wie weit stirnwärts der Bulbus olfactorius der Lamina cribriformis noch aufliegt, sagt Hovelacque auch nichts.

Ziemlich ausführliche Angaben darüber fand ich dann allerdings in der von Hovelacque angeführten Abhandlung Trolards aus dem Jahre 1902. Derselbe schreibt auf S. 557: „Les nerfs olfactifs antérieurs, au nombres de 3 à 4, sont ramassés dans la gaine duremérienne qui passe par la fente ethmoidale interne, au titre de prolongement principal de la dure mère. Ils pénètrent dans la loge olfactive par les orifices que l'on voit au fond du recessus formé par la tente olfactive, le parcourent et se jettent dans la tête du bulbe. Pendant ce trajet ils sont enveloppés d'un sac arachnoidien." Über die „Tente olfactive" heißt es dann weiter: „On vient de voir que les nerfs olfactifs antérieures avec leur sacet leur espace sous-arachnoidien, occupent le recessus formé par la tente olfactive. Celle-ci n'est donc pas destinée à protéger le bulbe, comme on la cru jusqu' à présent. Elle peut cependant conserver son nom, mais sous la réserve qu'elle abrite seulement les nerfs olfactifs. C'ést là la disposition habituelle; mais lorsque la loge est rétrécie en avant, le bulbe, réduit a une mince lame, peut aller jusqu'au fond de celle ci. Dans ce cas de gouttière amincie, on rencontre aussi une disposition qui nous a bien surpris la première fois que nous l'avons constatée; elle consiste en des filets olfactives passent par dessus la tente olfactive, quand celle-ci est basse." „Chez le foetus et le nouveau-né, elle est appliquée immédiatement sur les nerfs olfactifs antérieures qui semblent se perdre dans son épaisseur. Chez eux le bulbe est situé beaucoup plus en arrière que chez l'enfant ou l'adulte et il est toujours à plat dans une gouttière large. C'est de moins ce qui résulte d'observations ayant porté sur six têtes de foetus et du nouveau-nés. La manque des sujets intermédiaires entre la naissance et l'état adulte ne nous a pas permis de suivre l'évolution de la disposition prémière que nous venons d'indiquer."

Trolard hatte somit das, was ich bezüglich der Lage des Bulbus und Tractus olfactorius bei Föten gesehen und was ich für die Neugeborenen als wahrscheinlich vorhanden angenommen hatte, bereits beobachtet, ohne jedoch die von ihm beobachteten Dinge abzubilden. Ich bringe deshalb zunächst in Abb. 40, Tafel 10, das Lichtbild des Präparates der vorderen Schädelgrube eines Neugeborenen, an dem die Lagebeziehungen der beiden Riechhirnausladungen zum Schädelgrunde deutlich zu sehen sind. Die Tubera olfactoria liegen an dem Präparat beiderseits unmittelbar scheitelwärts und etwas okzipital von der Stelle, an welcher der Fasciculus opticus in den seiner Aufnahme dienenden Knochenkanal eintritt. Der Beginn des Tractus olfactorius befindet sich demnach genau scheitelwärts von der Umrandung dieser Öffnung. Von hier aus verläuft derselbe nach der Seite hin etwas ausgebogen in schiefer Richtung über das Planum sphenoideum, diesem unmittelbar anliegend, hinweg bis zum okzipitalen Rande der als Fossa olfactoria bezeichneten, ziemlich seichten, rinnenförmigen Grube, deren Grund die von der harten Hirnhaut überzogene Lamina cribriformis bildet und deren seitlicher und frontaler Rand vom Stirnbein beigestellt wird. Hier übergeht er in den Bulbus olfactorius. Stirnwärts konvergieren die beiden Tractus unter einem Winkel von 18°. Der linke Bulbus olfactorius ist 8·2 mm lang, also etwas kürzer als der rechte, der eine Länge von 9 mm hat. Die beiden Fossae olfactoriae hingegen sind gleich lang und haben eine Länge von 16·8 mm. So kommt es, daß der linke Bulbus nicht einmal die okzipitale Hälfte des Grundes der Fossa olfactoria bedeckt, während das distale Ende des rechten nur 1·2 mm über diese Hälfte hinausragt. Dabei liegen die Seitenränder der Bulbi den Seitenrändern der Fossae olfactoriae nur in einer Strecke von etwa 3 mm Länge an. Die besonders scharf ausgeprägte dorsale, dem Sulcus olfactorius des Stirnlappens der Hemisphäre entsprechende Kante beider Tractus olfactorii setzt sich auf die dem Stirnhirn anliegende Fläche des Bulbus fort und endigt erst ganz in der Nähe seines frontalen zugeschärften Endes. An dieses schließen dann wieder die Fila olfactoria an, die die frontal vom distalen Ende des Bulbus gelegenen Öffnungen der Lamina cribriformis passieren. Linkerseits verschwinden dieselben sogleich in dem Dura mater-Überzug dieser Lamina. Rechterseits hingegen sind vier Filabündel sichtbar, die aber auch schon nach einem Verlaufe von nur 1·5 mm Länge in dem Dura mater-Überzug der Lamina cribriformis verschwinden.

Die Grenze zwischen Bulbus und Tractus olfactorius liegt also über dem okzipitalen Ende der Lamina cribriformis, ein Verhalten, das nach dem, was ich bei anderen Neugeborenen sah, die Regel zu sein scheint. Ich hebe dies deshalb hervor, weil auch noch beim Erwachsenen diese Grenze an der gleichen Stelle liegt. Wenn also Trolard davon spricht, daß der Bulbus olfactorius beim Neugeborenen weiter rückwärts liege als beim Erwachsenen, so kann sich diese Aussage doch wohl nur auf den Eindruck beziehen, den man erhält, wenn man ein Präparat, wie es die Abb. 40 auf Tafel 10 zeigt, mit einem ähnlichen Präparat vom Erwachsenen vergleicht. Er ist bedingt durch die relative Kürze des Tractus olfactorius des Neugeborenen und hängt auch damit zusammen, daß das okzipitale Ende der Lamina cribriformis des letzteren dem Limbus sphenoideus relativ sehr viel näher liegt wie beim Erwachsenen. Der Grund für diese Erscheinung ist der, daß das vom Planum sphenoideum eingenommene Gebiet des Schädelgrundes nach der Geburt in sagittaler Richtung sehr viel stärker in die Länge wächst als die Lamina cribriformis, die nach meinen an eröffneten Schädeln jugendlicher Individuen angestellten Beobachtungen nur verhältnismäßig wenig an Länge zunehmen dürfte. Mit dem Wachstum des Schädelgrundteiles, dem das Planum sphenoideum angehört, aber hält das Längenwachstum des Tractus olfactorius gleichen Schritt.

Außer dem in Abb. 40, Tafel 10, wiedergegebenen Präparat habe ich noch sechs weitere in ähnlicher Weise hergestellte Präparate Neugeborener[1] untersucht und an denselben feststellen können, daß die Verhältnisse ihrer Riechhirnausladungen ziemlich stark variieren. Nur noch bei einem zweiten war der Konvergenzwinkel dieser Ausladungen derselbe, das heißt,

---

[1] Es handelte sich dabei zum Teil um Frühgeburten.

er betrug auch 18°. Bei einem war er besonders klein, nämlich 10°. Bei zweien ergab die Messung 16° und bei einem 15°. Bei allen diesen sechs Objekten waren die Tractus und die Bulbi olfactorii etwas breiter wie bei dem in Abb. 40 wiedergegebenen, auch war ihre dorsale Crista weniger scharf ausgeprägt und reichte im Gebiet des Bulbus nur noch bei einem zweiten so nahe an sein zugeschärftes Ende heran. Bei einem Objekt lag der linke Bulbus olfactorius so schief, bzw. war um seine Längsachse so gedreht, daß sein medialer Rand gegen den Ansatz der Sichel am Schädelgrund emporgehoben war und deshalb nicht unwesentlich höher stand als sein lateraler. Bei einem anderen Objekt wieder war der Bulbus olfactorius sinister kürzer und schmäler als der rechte. Sehr verschieden war auch das Verhalten der in den Bulbus eintretenden Filabündel. Bei zweien war jederseits nur ein solches, aber relativ sehr breites Bündel vorhanden. Es verschwand bei dem einen Objekt rechts 5 mm und links 5·5 mm entfernt von dem zugeschärften Ende des Bulbus in der Durabekleidung der Fossa olfactoria, während es bei dem anderen in der unmittelbaren Nachbarschaft des Bulbusendes durch den konkaven Rand einer Duraplatte verdeckt wurde, die den Grund des frontalen Teiles der Fossa olfactoria bildete, eine Platte, die man geneigt wäre, als „Tente olfactif" zu bezeichnen. Allerdings fehlte eine solche allen anderen von mir untersuchten kindlichen Objekten. An einem Präparat konnte ich links 2 und rechts 3, bei einem zweiten links 4 und rechts 3 Filabündel nachweisen, die in einiger Entfernung vom Ende des Bulbus im Duraüberzug der Lamina cribriformis verschwanden. Die Längen der Fossae olfactoriae schwankten bei diesen Präparaten zwischen 13 und 19 mm, wobei es sich bei dem mit Fossae von 19 mm Länge um ein ganz besonders kräftiges Neugeborenes handelte.

Ich habe dann noch sieben weitere Schädelgrundpräparate von besonders kräftigen, vorher pathologisch-anatomisch sezierten Neugeborenen untersucht, bei denen im Bereich der Lamina cribriformis nur noch frontale Reste der Bulbi olfactorii erhalten waren. Die Längen der Fossae olfactoriae betrugen bei ihnen: bei N 1 15 mm, bei N 2 16 mm, bei N 3 und 4 17 mm, bei N 5 17·5 mm, bei N 6 19 und bei N 7 19·8 mm. Die Entfernungen der frontalen Enden der Bulbi olfactorii von der frontalen Begrenzung der Fossae betrugen dabei bei N 1 links 6, rechts 5·5 mm, bei N 2 beiderseits 5·4 mm, bei N 3 beiderseits 6 mm, bei N 4 links 10 mm und rechts 12 mm, bei N 5 beiderseits 9 mm, bei N 6 beiderseits 12 mm, bei N 7 links 8 mm und rechts 7 mm. Asymmetrisches Verhalten der Bulbi olfactorii scheint danach keineswegs selten zu sein. Bei einem weiteren achten ähnlichen Präparat boten sich mir schließlich insofern ganz ungewöhnliche Verhältnisse dar, als die Fossa olfactoria beiderseits scheinbar nur eine Länge von 12 mm hatte, und daß das frontale zugeschärfte Ende des Bulbus olfactorius kaum 1 mm von einem aus duralem, sehnigem Gewebe bestehenden, besonders scharf gekrümmten, scheinbar die frontale Grenze der Fossa olfactoria bildenden Bogen entfernt war. Während aber drei stärkere, an das Ende des Bulbus herantretende Bündel von Fila olfactoria unter diesem Bogen verschwanden, ließ sich beiderseits ein etwas schwächeres Filabündel, vom Bulbusende aus über diesen Bogen hinwegziehend, in frontaler Richtung verfolgen, das 2 mm entfernt vom Rande des Bogens in eine Öffnung der hier ziemlich dicken, den Grund der Fossa olfactoria bildenden Duralamelle eintrat. Eine richtige, an normaler Stelle gelegene frontale Abgrenzung der Fossa olfactoria war in diesem Falle nicht nachzuweisen. Ich halte dafür, daß sich bei diesem Kinde, wenn es am Leben geblieben wäre, ähnliche Verhältnisse im Bereich der Fossae olfactoriae entwickelt hätten, wie sie Trolard (1902), (vgl. das S. 61 Gesagte) gelegentlich beim Erwachsenen beobachtet hatte. Jedenfalls besteht bei Neugeborenen, wenn ich von den angeführten Längenunterschieden bei verschiedenen Individuen absehe, keine nennenswerte Vielgestaltigkeit der Fossae olfactoriae, denn auch die Breite dieser sich in ihrem frontalen Abschnitt nur ganz wenig verschmälernden Rinnen differierte bei den verschiedenen untersuchten Individuen nur um kleine Bruchteile eines Millimeters.

Auch an mazerierten Schädelgrundpräparaten verschieden alter Kinder zwischen 3 und 12½ Jahren, die ich untersucht hatte, nachdem mir nichtmazerierte derartige Präparate mit unverletzter Dura keine zur Verfügung standen, lagen die Verhältnisse noch ähnlich wie bei

Neugeborenen, nur hatten die individuell schwankenden Längen- und Breitenmaße der Fossae olfactoriae etwas zugenommen. Bei einem von drei dreijährigen Kindern beträgt die Länge dieser Rinnen 21 mm, während sie bei den beiden anderen 25 mm ausmachte. Die längsten Rinnen von 26 mm hatte ein 5½jähriges Kind, während die Rinnen eines zweiten gleichaltrigen Kindes 25·5 mm lang waren. Dagegen hatte das älteste untersuchte Kind von 12½ Jahren nur 22 mm lange Fossae olfactoriae, deren frontaler Abschnitt sich bereits zu vertiefen begann.

Ich wandte mich dann der Untersuchung mazerierter Schädelgrundpräparate erwachsener Individuen zu, die mir in großer Zahl in der Sammlung des Wiener Anatomischen Institutes zur Verfügung standen. Bei dieser Untersuchung zeigte sich nun, wie ungemein vielgestaltig die Verhältnisse der Fossae olfactoriae beim erwachsenen Menschen sind. Nur in einer verhältnismäßig geringen Zahl von Fällen liegen insofern gewissermaßen infantile Verhältnisse vor, als die Olfactoriusrinnen verhältnismäßig seicht sind und sich in ihrem frontalen Abschnitt nur mäßig verschmälern, während ihre okzipitalen, sich manchmal auch etwas verschmälernden Enden schwalbenschwanzförmig auseinanderweichen. Zwischen sie erscheint nämlich eine spitzwinkelige, frontal gerichtete Ausladung[1] des Planum sphenoideum vorgeschoben, deren Spitze mit dem ganz niedrig gewordenen okzipitalen Ende der Crista galli in Verbindung steht. So erscheint der okzipitale Abschnitt der Fossa olfactoria wie ein getreuer Abklatsch des ihm anliegenden okzipitalen Abschnittes des Bulbus olfactorius. Denn der laterale Rand des letzteren bildet, wie dies auch die Abbildungen von Retzius zeigen, die geradlinige Fortsetzung des lateralen Tractusrandes, während der mediale Tractusrand unter einem stumpfen, medial offenen Winkel gegen den medialen, etwas konvex ausgebogenen Bulbusrand abgeknickt erscheint (vgl. auch die Abbildungen von Retzius). Mit dem Alter des Individuums hat freilich diese infantile Riechhirnrinnenform nichts zu tun, denn ich fand eine solche auch noch bei ganz alten Individuen.

Gelegentlich begegnet man bei Fossae olfactoriae dieser Art Formen von Asymmetrien geringeren Grades, die darin bestehen, daß die Rinnen der beiden Seiten nicht ganz gleich lang sind, wobei die Verkürzung oder Verlängerung der einen Rinne ihr frontales oder ihr okzipitales Ende betreffen kann. Einen besonders hohen Grad dieser Art von Asymmetrie zeigte das Präparat Nr. 284 unserer Sammlung. Es handelte sich bei ihm um einen Fall, in welchem die linke Fossa olfactoria um 2 mm länger war als die rechte, wobei die Verlängerung das okzipitale Ende der Fossa betrifft. Augenscheinlich handelte es sich bei dieser Asymmetrie primär eigentlich um einen Fall von Asymmetrie der Riechhirnausladung, wie ihn G. Retzius (1896) in seiner Fig. 8 auf Tafel 32 abgebildet hat, der darin bestand, daß die rechte Riechhirnausladung wesentlich kürzer war als die linke, wobei die Verkürzung hauptsächlich den Tractus olfactorius betraf, was naturgemäß zur Folge hatte, daß der rechte Bulbus weiter okzipital lag als der linke. Von einer Asymmetrie der Fossae olfactoriae dieses Falles gibt allerdings Retzius nichts an. Ich zweifle aber nicht daran, daß eine solche vorhanden gewesen sein wird, weil, wie ich weiter oben auseinandergesetzt habe, schon beim Neugeborenen das okzipitale Ende des Bulbus an die okzipitale Begrenzung der Fossa olfactoria angeschlossen ist. Ist aber eine Asymmetrie der Riechhirnausladung, wie sie Retzius abgebildet hat, vorhanden, dann handelt es sich sicher um eine angeborene Anomalie, die nach meiner Erfahrung beim Keimling schon sehr frühzeitig manifest werden und der sich die Formung der Fossa olfactoria anpassen wird. Übrigens hatte ich Gelegenheit, bei zwei Keimlingen, von denen der eine eine S. S. Länge von 82 mm und der andere eine solche von 127 mm aufwies, eine derartige Asymmetrie der Riechhirnausladungen zu beobachten. In diesen beiden Fällen handelte es sich wieder darum, daß nicht die rechte, sondern die linke Riechhirnausladung die kürzere war.[2]

---

[1] Das Ende dieser Ausladung gehört, wie das an Schädeln Jugendlicher mit noch offener Sutura sphenoethmoidea zu erkennen ist, schon dem Siebbein an.

[2] Die Lichtbilder der Basialansichten der beiden Gehirne habe ich aufbewahrt. Die Verhältnisse der Fossae olfactoriae konnte ich jedoch nicht mehr untersuchen, weil der Schädelgrund bei der Freilegung des Gehirns zerstört werden mußte.

In der überwiegenden Mehrzahl der Präparate, die ich angesehen hatte, zeigten die Fossae olfactoriae, wenn ich von ihren okzipitalen Enden absehe, die in der Regel schwalbenschwanzförmig auseinanderweichen, Verhältnisse, welche auf eine sekundäre Veränderung der sie begrenzenden Teile zurückzuführen sein werden. Diese Veränderungen betreffen entweder nur die Crista galli oder nur die von den Partes orbitales des Stirnbeines beigestellte seitliche Begrenzung der Fossae oder auch beide zusammen. Vor allem ist es die meist symmetrische Verdickung der Crista galli, die eine mehr oder weniger starke Verschmälerung des frontalen Teiles beider Fossae olfactoriae oder des Zuganges zu ihnen herbeiführt. Ist die Crista galli nur nach der einen Seite hin vorgewölbt oder, wenn sie nicht verdickt ist, nur ausgebogen, dann bedeutet dies eine Verschmälerung der Fossa olfactoria, gegen welche die Vorwölbung oder die Ausbiegung gerichtet ist. Manchmal zeigt die Crista galli auch nur einen nach einer Seite gerichteten Auswuchs. In sehr vielen Fällen aber ist die Cristaverdickung mit einer wulstförmigen Erhebung der die seitliche Begrenzung der Fossae olfactoriae bildenden medialen Randpartien der Partes orbitales des Stirnbeines verknüpft, was zur Folge haben kann, daß der Zugang zum Grunde des frontalen Teiles der Fossae olfactoriae zu einem schmalen Spalt verengt ist, dessen Länge meist von der Länge des verdickten Teiles der Crista galli abhängt. In der Regel dürfte die wulstförmige Vorwölbung der von den Partes orbitales gebildeten seitlichen Ränder der Fossae olfactoriae durch die von den Sinus ethmoidei ausgehende Pneumatisation der medialsten Teile dieser Partes orbitales hervorgerufen sein. Dabei ist diese Vorwölbung meist nur auf die frontalen Teile dieser Ränder beschränkt, kann sich aber gelegentlich auch ziemlich weit hinterhauptwärts erstrecken, so daß auch noch der Teil der Fossa olfactoria von der Seite her überwölbt werden kann, in welcher der Bulbus olfactorius untergebracht ist. Dies ist jedoch meist nur in Fällen festzustellen, in welchen auch die Crista galli stärker verdickt ist. Sind nur die Seitenränder der Fossae olfactoriae wulstförmig vorspringend und die Crista nicht verdickt oder ausgebogen, dann erscheinen die Fossae in der Regel nur in ihrem frontalsten Teil vertieft.

Sehr variabel ist auch genau so wie beim Neugeborenen die Länge der Fossae olfactoriae. Dieselbe schwankte an den von mir untersuchten Schädeln zwischen 17·5 und 27·5 mm, wobei die Mittelwerte in der Mehrzahl waren. Eine ganz besondere Form zeigten die etwas asymmetrischen Fossae olfactoriae des Schädels N 288 unserer Sammlung. Sie zeichneten sich durch ihre Kürze und ihre Breite aus. Die linke hatte eine Länge von 18·3 und eine größte Breite von 10 mm, während die gleichen Maße der rechten 18·1 mm und 8 mm betrugen. Dabei waren bei einer ganz schmalen Crista galli von 1·5 mm Dicke die frontalen Enden der Fossae olfactoriae in einer Strecke von 2 mm Länge links auf 3 und rechts auf 2 mm Breite eingeengt. Der Winkel aber, unter dem sich ihre ganz breiten okzipitalen Enden voneinander trennten, war ein ganz stumpfer von etwa 160°.

Nachdem ich mir so an mazerierten Schädeln Erwachsener eine Übersicht über die durch die Verhältnisse der Knochen bedingten Erscheinungen der Fossae olfactoriae gebildet hatte, wandte ich mich dem Studium von Schädelgrundpräparaten Erwachsener zu, wie sie sich ergeben, nachdem, bei der vom Pathologen vorgenommenen Sektion, das Gehirn aus dem Schädel entfernt worden war. Dabei waren nur an einzelnen Köpfen noch frontale Teile der Bulbi olfactorii an der Durabekleidung der Fossae olfactoriae haften geblieben. Die Bilder, die sich mir bei diesem Studium von mehr als 20 Präparaten darboten, stimmten mit Rücksicht auf die gröberen Formverhältnisse der Fossae olfactoriae gut mit dem überein, was ich an den mazerierten Schädelgrundpräparaten hatte feststellen können. Nur zeigte sich, daß in den Fällen, in welchen der Zugang zu dem frontalen Teil der Fossae olfactoriae durch Verdickung der Crista galli und durch wulstförmige Vorwölbung der Seitenränder der Fossae verengt war, diese Verengerung vielfach so weit ging, daß dieser Zugang fast zu einem kapillaren Spalt geworden war, der keine Möglichkeit mehr bot, sich über die Verhältnisse der Dura auf dem Grunde dieses frontalen Teiles der Fossae zu unterrichten und zu ergründen, ob auch in diesen Fällen eine „Tente olfactive" vorhanden war oder nicht.

Unter den untersuchten Köpfen fand ich nur einen, es handelte sich um den einer ganz alten Frau, bei dem beiderseits eine wirklich wohlgebildete, mit halbkreisförmigem Rande versehene „Tente olfactive" vorhanden war. Es war ein Fall, in dem wegen Verdickung der Crista galli (auf 5 *mm*) und Wulstung der lateralen Begrenzung des frontalen Teiles der Fossae olfactoriae der Zugang zu dem letzteren zu einem kapillaren Spalt verengt erschien. Die Fossae olfactoriae hatten eine Länge von 23 *mm* und der Rand der „Tente olfactive" stand 10 *mm* von dem frontalen Ende der Fossa olfactoria entfernt. Leider war an dem Präparat keine Spur des Bulbus olfactorius und von Fila olfactoria-Bündeln erhalten. Bei einem zweiten alten Individuum, bei dem die Crista galli nicht so stark verdickt war und bei dem man daher den frontalsten Teil des Grundes der stark vertieften Fossae olfactoriae überblicken konnte, waren gleichfalls beiderseits halbkreisförmig begrenzte „Tentes olfactives" vorhanden, nur lag der Rand der linken, die eine Länge von 5 *mm* hatte, um 1·5 *mm* weiter okzipital als der der rechten. Auch in diesem Fall ließ sich nichts mehr über die Bulbi olfactorii und die frontalen Filabündel feststellen. An drei anderen Präparaten waren beiderseits die „Tentes olfactives" auch leidlich gut ausgebildet, nur war ihr Rand nicht kreisbogen-, sondern spitzbogenförmig gestaltet und die von ihnen begrenzten Buchten waren verhältnismäßig seicht. An dem einen von diesen drei Präparaten waren noch die Enden der beiden Bulbi olfactorii erhalten. Sie reichten nicht bis in die von den „Tentes olfactives" überdachten Buchten hinein. Vielmehr stand ihr Ende rechts 4 *mm* und links 3 *mm* von der Spitze des Spitzbogens entfernt.

An dem Präparat eines älteren Individuums, an dem die Fossae olfactoriae infantilen Typus zeigten und eine Länge von 21 *mm* hatten, schienen richtige, halbkreisförmig abgegrenzte „Tentes olfactives" vorhanden zu sein, deren Ränder 5 *mm* frontal von den erhaltenen Enden der Bulbi olfactorii standen. Bei genauerer Betrachtung zeigte sich jedoch, daß beiderseits ein schwächeres Filabündel in eine kleine, 3 *mm* frontal vom Rande der vermeintlichen „Tente olfactive" gelegene Öffnung der Dura mater eindrang. Es handelte sich also in diesem Falle um einen von der gleichen Art, wie er auch schon von Trolard (1902) beobachtet und beschrieben worden war. Fälle dieser Art dürften sich wohl aus einem Verhalten herausgebildet haben, wie ich ein solches (vgl. S. 63) bei einem Neugeborenen gesehen hatte. An einem anderen Präparat, an welchem der frontalste Teil der Fossae olfactoriae stark vertieft war, aber keine schärfere frontale Abgrenzung erkennen ließ, waren die „Tentes olfactives" nur ganz kurz und stand der Rand der linken 1 *mm* weiter frontal als der der rechten. Dabei zog aber rechts ein schwaches Filabündel über diesen Rand hinweg und drang 1 *mm* frontal von ihm in die Dura ein, während links keine Spur eines solchen Bündels aufzufinden war.

In einigen Fällen, in denen die frontalen Abschnitte der Fossae olfactoriae zwar ziemlich stark verengt waren, ihr Grund aber doch noch gut überblickt werden konnte, waren die „Tentes olfactives" eben noch angedeutet. Dagegen ließ sich in einer Reihe von Fällen, in denen die frontalen Abschnitte der Fossae olfactoriae hauptsächlich wegen starker Verdickung der Crista galli zu engen Spalten umgewandelt waren, über das Vorhandensein von „Tentes olfactives" nichts ermitteln. In einem von diesen Fällen, in dem die Fossae eine Länge von 27 *mm* hatten und auch ihr okzipitaler Abschnitt stark vertieft erschien, in dem aber auch noch die frontalen Teile der Bulbi olfactorii erhalten waren, ließ sich feststellen, daß die Enden der letzteren zwar nicht bis in den spaltförmig verengten Teil der Fossae hineinreichten, daß aber ihre Lage doch auch wieder eine solche war, daß sie wohl kaum mit der basialen Fläche des Stirnlappens der Hemisphäre in Berührung gewesen sein dürften.

Schließlich war es mir dann noch möglich, besonders schöne und lehrreiche Schädelgrundpräparate von den Köpfen dreier Justifizierter herzustellen, deren Gehirne etwa vier Stunden nach dem Tode in situ durch Injektion von Formolalkohol bei zweien und von Chlorzinkformol bei dem dritten von den Carotiden aus vorzüglich fixiert worden waren. Es wurde bei ihnen das Großhirn bis auf die Tubera olfactoria und die basialsten Teile des Zwischenhirns stückweise mit entsprechend geformten Messern so abgetragen, daß an der Lage der Teile der Riechhirnausladung zum Schädelgrund nicht das geringste geändert wurde.

Die Fossae olfactoriae des ältesten (45jährigen) Hingerichteten, die beide eine Länge von 23 *mm* haben (vgl. Abb. 42 auf Tafel 10), gehören insofern dem Typus der sekundär stärker abgeänderten an, als ihre frontalen Enden nicht nur erheblich vertieft, sondern auch, und zwar asymmetrisch, sehr stark verschmälert erscheinen. Diese Verschmälerung und Vertiefung ist einerseits durch eine mäßige Verdickung der Crista galli (bis auf 4 *mm*) und anderseits durch eine wulstförmige Erhebung der seitlichen Begrenzung der Fossae olfactoriae bedingt, die in okzipitaler Richtung allmählich abfällt und an beiden Rinnenenden fast völlig verstreicht. Links erscheint das frontale Ende der Fossa spitzwinkelig begrenzt, indem sich ihr gewulsteter lateraler Rand an das frontale verdickte Ende der Crista galli anlegt, um sich sogleich mit ihm zu vereinigen. Rechterseits hingegen erfolgt diese Anlagerung schon 5 *mm* okzipital von diesem Ende, so daß auf dieser Seite der Grund des frontalen Endes der Fossa olfactoria von oben her nur durch einen die Crista galli von der seitlichen Begrenzung der Rinne trennenden, nicht ganz 5 *mm* langen kapillaren Spalt zugänglich ist. Die Folge davon ist, daß, während links die in das frontale Bulbusende eintretenden Fila olfactoria-Bündel noch zu sehen sind, rechts kaum mehr das Ende des Bulbus olfactorius wahrgenommen werden kann. Unter diesen Umständen ist von den „Tentes olfactives" natürlicherweise beiderseits nichts zu sehen und auch nicht festzustellen, ob solche vorhanden sind. Die Bulbi olfactorii haben beide eine Länge von 16 *mm* und füllen den okzipitalen Teil der an ihrem okzipitalen Ende ganz seichten Fossae olfactoriae fast gänzlich aus. Dabei sind diese okzipitalen Enden, die in der gewöhnlichen Weise auseinanderweichen, okzipital durch je eine bogenförmige, mit ihrer Konkavität frontal gerichtete, niedrige, glänzende, medial gegen den Ansatz der Sichel auslaufende Duraleiste abgegrenzt, eine Leiste, über die das Ende des Tractus olfactorius hinwegzieht.

Bei der Herstellung des Präparates konnte ich feststellen, daß die basialen Flächen der Stirnlappen der Großhirnhemisphären, denen sonst gewöhnlich die Bulbi olfactorii mehr oder weniger innig anliegen, in dem vorliegenden Falle durch die gegen die verdickte Crista galli und den basialen Sichelansatz vorgewulsteten Seitenränder der Fossae olfactoriae von den Bulbis olfactoriis beinahe vollständig abgedrängt worden waren. Trotzdem setzte sich rechterseits die beiderseits wohlausgeprägte, den Verhältnissen des Sulcus olfactorius angepaßte, beinahe spitzwinkelige dorsale Kante des Tractus olfactorius auch noch auf die dorsale Fläche des Bulbus bis an deren Ende hin fort, während diese Fortsetzung linkerseits nur angedeutet war.

Der laterale Rand des Tractus olfactorius hat beiderseits eine Länge von 23 *mm*, sein medialer Rand eine solche von 22 *mm*. Während sich rechterseits der Außenrand des Tractus fast geradlinig in den Außenrand des Bulbus fortsetzt, ist der erstere linkerseits gegen den letzteren unter einem nach außen zu offenen stumpfen Winkel von annähernd 170° abgebogen. Dabei beträgt der Konvergenzwinkel der beiden Tractus 35°. Die Tubera olfactoria liegen unmittelbar scheitelwärts von den Fasciculi optici, etwas okzipital von den Schädelhöhlenöffnungen der Canales fasciculorum opticorum, und die Anfangsstücke der Tractus olfactorii ziehen infolgedessen über die Scheitelränder dieser Öffnungen hinweg.

Die Fossae olfactoriae des jüngeren (36jährigen) Hingerichteten (vgl. Abb. 41 auf Tafel 10) zeigen infantilen Typus. Das heißt, dieselben sind ihrer ganzen Länge nach offen, ziemlich seicht und nur an ihrem frontalen Ende etwas stärker vertieft und verschmälert. Sie sind beide 22 *mm* lang, also verhältnismäßig kurz und ihre okzipitale Abgrenzung kaum angedeutet. Ihre frontale Verschmälerung ist hauptsächlich auf eine basiale, 5 *mm* betragende Verbreiterung der Crista galli zurückzuführen. Die leichte Vertiefung aber ist durch eine mäßige wulstige Erhöhung ihrer seitlichen Begrenzungsränder bedingt, die sich fast über die ganze Länge der Fossae erstreckt. In ihrem verschmälerten Abschnitt ist der Grund der beiden Rinnen durch die wohlentwickelten, okzipital konkavrandig begrenzten „Tentes olfactives", und zwar links in einer Strecke von 6 *mm*, rechts in einer von 5 *mm* überdeckt. Die freie Oberfläche der linken „Tente" ist glatt, während an der der rechten sehnige, sich in verschiedenen Richtungen überkreuzende Züge vorspringen, zwischen denen Lücken sichtbar sind, durch welche kleine, von dem Stirnlappen der rechten Hemisphäre herkommende Venen in die Dura mater eindrangen. In den breiteren okzipitalen Abschnitten der Fossae olfactoriae liegen die beiden Bulbi olfactorii. Der linke hat eine Länge von 10 mm, der rechte eine solche von 12 mm. Ihre Umrisse sind insofern etwas unregelmäßig, als ihre Seitenränder ungefähr in der Mitte ihrer Länge eine leichte Einbiegung zeigen, Einbiegungen, die augenscheinlich durch eine beiderseits vorhandene, auch nicht besonders starke, medial gerichtete Vorwölbung der seitlichen Begrenzung der Fossa olfactoria bedingt sind. Die frontalen, etwas verdünnten Enden der Bulbi olfactorii erreichen die Ränder der „Tentes olfactives" nicht. Vielmehr ist das Ende des linken 1 mm und das des rechten 0·5 mm von dem entsprechenden Rande der „Tente" entfernt. Infolgedessen sieht man links sehr viel deutlicher als rechts, wie die frontalsten Fila olfactoria-Bündel unter diesen Rändern hervorkommen und in die frontalen Enden der Bulbi olfactorii eintreten.

Die beiden Tractus olfactorii haben ungefähr die gleiche Länge (25 mm). Sie verlaufen aber, dem Planum sphenoideum anliegend, nicht ganz geradlinig, sondern sind leicht gebogen, wobei der linke Tractus seine Konvexität nach innen, der rechte aber nach außen wendet. Der Seitenrand des linken Tractus übergeht beinahe geradlinig in den Seitenrand des zugehörigen Bulbus, während der rechte gegen diesen Seitenrand unter einem nach außen zu offenen Winkel von ungefähr 165° abgebogen erscheint. Der Konvergenzwinkel, den die beiden Tractus miteinander einschließen, beträgt 40°. Die dorsalen stumpfwinkeligen Kanten der beiden Tractus sind nicht sehr stark ausgeprägt. Die besonders schwach ausgebildete Kante des linken Tractus verläuft wie gewöhnlich der Länge nach in der Mitte seiner dorsalen Fläche, setzt sich aber nicht auf die dorsale Fläche des Bulbus fort. Die etwas besser ausgebildete Kante des rechten Tractus verläuft nicht in seiner Mitte, sondern näher seinem Seitenrande und erstreckt sich auch noch fast über die ganze Länge des Bulbus. Das Verhalten der Tubera olfactoria und das der an diese unmittelbar anschließenden Teile des Tractus zu den Fasciculi optici und der parietalen Begrenzung der Schädelhöhlenöffnung der Canales fasciculorum opticorum ist ein ganz ähnliches wie an dem Präparat des älteren Hingerichteten.

Bei dem jüngsten (22jährigen) Hingerichteten (vgl. Abb. 43, Tafel 11) liegen im Bereich der Olfactoriusrinnen insofern asymmetrische Verhältnisse vor, als die linke Fossa olfactoria infantilen Typus zeigt, indem sie ihrer ganzen Länge nach ziemlich gleich breit und relativ seicht ist, während die rechte ihrer ganzen Länge nach vertieft und etwas verschmälert erscheint. Diese Vertiefung und Verschmälerung ist vor allem dadurch bedingt, daß der ganze Seitenrand der rechten Rinne ziemlich stark vorgewölbt ist, was im Bereich des frontalen Endes der Rinne besonders zum Ausdruck kommt. Außerdem weicht aber auch die die okzipitale Fortsetzung der Crista galli bildende Knochenleiste etwas nach links hin ab. Infolgedessen ist natürlich auch der basiale Ansatz der Hirnsichel, der sich in okzipitaler Richtung etwas über das Ende dieser Leiste hinaus auf das Planum sphenoideum fortsetzt, wie die Abb. 43 zeigt, ziemlich stark nach links verschoben, was wieder eine leichte Ausbiegung des basialen Anfangsteiles der Sichel zur Folge hat. So kommt es, daß der Durchschnittsrand der Sichel bei der Betrachtung des Präparates von der Scheitelseite her den medialen Rand des rechten Bulbus olfactorius etwas verdeckt. Das frontale Ende der Fossa olfactoria ist beiderseits nicht sehr deutlich ausgeprägt. Auch ist von einer „Tente olfactive" nichts zu sehen. Das Ende des Bulbus olfactorius liegt beiderseits 7·5 mm von dem frontalen Ende der Fossa olfactoria entfernt; auch sieht man, wie in dasselbe die schon in der Nähe des frontalen Endes der Fossa auftauchenden Fila olfactoria-Bündel eintreten. Zwei von diesen sind besonders stark. Auch die okzipitale Begrenzung der Olfactoriusrinnen ist keine besonders scharfe. Ferner hat man den Eindruck (vgl. Abb. 43), als wäre die linke Rinne wesentlich länger als die rechte, d. h. als würde sich dieselbe in okzipitaler Richtung weiter erstrecken als die der anderen Seite. Man hat weiter den Eindruck, als würde der linke Bulbus olfactorius etwas länger sein als der rechte, obwohl das frontale Ende des letzteren das des ersteren in frontaler

Richtung etwas überragt. Dabei erscheint der Seitenrand des linken Bulbus olfactorius etwas medial eingebogen, so daß sein Anfangsteil die geradlinige Fortsetzung des seitlichen Tractusrandes bildet. Während der linke Tractus fast ganz geradlinig verläuft, denn die normale Richtungsänderung im Verlaufe der linken Riechhirnausladung erfolgt in dem vorliegenden Falle nicht wie gewöhnlich an der Grenze zwischen Tractus und Bulbus, sondern erst im Bereich des Bulbus selbst, verläuft der rechte Tractus so, daß er in der Nähe des Bulbus etwas seitlich ausgebogen erscheint, eine Biegung, auf die dann erst die normale Übergangsbiegung zwischen Tractus und Bulbus olfactorius folgt. Zweifellos ist der linke Tractus wesentlich länger als der rechte, auch schon deshalb, weil seine Wurzel, wie dies die Abb. 43, Tafel 11, auf das deutlichste zeigt, weiter okzipital gelegen ist wie die des linken, was wieder mit der asymmetrischen Lage der beiden Tubera olfactoria zusammenhängt. Dabei ist auch die Wurzel des rechten Tractus wesentlich schlanker wie die des linken. Die dorsale Leiste ist an beiden Tractus nur schwach ausgeprägt und erreicht nur links die okzipitale Grenze des Bulbus. Der Konvergenzwinkel der beiden Tractus beträgt 30°.

Aus den im vorausgehenden mitgeteilten Beobachtungen lassen sich mit Rücksicht auf die Frage, wie sich die Verhältnisse der Fossae olfactoriae des Erwachsenen aus denen, wie man sie beim Neugeborenen findet, entwickeln, nur schwer einigermaßen sichere Schlüsse ziehen. Allerdings deutet das, was ich an Schädelgrundpräparaten mazerierter Köpfe von Kindern bis zu 12 Jahren ermitteln konnte, darauf hin, daß sich die Verhältnisse dieser Fossae und die ihrer Umgrenzung, wenn ich von ihrer wachstumsbedingten, allmählich zustande kommenden geringen Längen- und Breitenzunahme absehe, bis zur Zeit der Pubertät nur wenig verändern werden. Ob aber dabei die Längenzunahme eine ganz gleichmäßige sein wird und also die bei einigen Neugeborenen noch kurzen Fossae in genau der gleichen Weise in die Länge wachsen werden, als etwa die schon von Haus aus längeren Fossae anderer Neugeborener, läßt sich begreiflicherweise nach der geringen Zahl der bisher gemessenen Objekte durchaus nicht sagen.

Dagegen kann man darüber, wie sich die nach dem 12. Lebensjahr auftretenden sekundären Veränderungen der Umgrenzung der Fossae olfactoriae zustande kommen, schon bestimmtere Angaben machen. Diese Veränderungen sind sicher der Hauptsache nach auf zweierlei Vorgänge zurückzuführen, von denen jeder für sich allein oder beide zusammen wirksam werden können. Der eine Vorgang besteht in einem ungewöhnlich starken symmetrischen oder asymmetrischen Dickenwachstum der die beiden Fossae voneinander sondernden Crista galli. Der andere äußert sich in der durch die von den Sinus ethmoidei ausgehenden Pneumatisation der medialen Teile der Partes orbitales der Stirnbeine hervorgerufenen Wulstung der lateralen Begrenzungen der Fossae, die die Vertiefung der letzteren zur Folge hat und zu einer mehr oder weniger starken Überwölbung besonders der frontalen Teile des Grundes der Fossae und in manchen Fällen schließlich auch zu einer Anlagerung dieser wulstigen Seitenränder an die verdickte Crista galli führen kann. Wie sich jedoch in den Fällen, in denen man beim Erwachsenen eine gut ausgeprägte „Tente olfactive" beobachten kann, dieselbe bildet, ob sie aus der bogenförmigen Duraleiste, welche (vgl. Abb. 40) beim Neugeborenen die Fossa olfactoria begrenzt, hervorgeht oder ob ihre Bildung in anderer Weise vor sich geht, konnte ich wegen Mangels des dazu nötigen Materials an Kindesleichen ebensowenig feststellen wie Trolard.

Die Frage, ob die Bulbi olfactorii nach der Geburt noch wesentlich an Länge zunehmen, kann ich nach den wenigen Messungen, die ich durchgeführt habe, dahin beantworten, daß ein solches mäßiges postfötales Wachstum tatsächlich erfolgt. Es geht dies daraus hervor, daß die Bulbi olfactorii beim Erwachsenen ungefähr 1½mal so lang sind wie beim Neugeborenen. Dabei dürfte sich dieses Längenwachstum der Bulbi ziemlich genau dem Längenwachstum des Teiles der Lamina cribriformis anpassen, dem die Bulbi aufliegen und an den dieselben durch die ihre Öffnungen passierenden Fila olfactoria befestigt sind. Daß sich die Tractus olfactorii nach der Geburt noch erheblich verlängern, braucht nicht besonders hervorgehoben zu werden. Ihre Länge beträgt beim Erwachsenen mehr als das Zweifache der Länge, die sie gewöhnlich beim Neugeborenen haben. Dabei ist das Wachstum der Tractus dem Wachstum (in sagittaler Richtung) des in Betracht kommenden Abschnittes des Keilbeines ziemlich genau angepaßt. Daß dem so ist, erhellt schon aus dem Umstande, daß sowohl die proximalen Enden der Bulbi olfactorii als auch die Tubera olfactoria normalerweise beim Neugeborenen und beim Erwachsenen die gleichen Lagebeziehungen zum Schädelgrunde aufweisen. Nur eines ändert sich erheblich, nämlich die Distanz zwischen den beiden Schädelhöhlenöffnungen der Canales fasciculorum opticorum. Dieselbe nimmt nämlich im Verlaufe des postfötalen Schädelwachstums recht erheblich, wenn auch nicht bei allen Individuen in dem gleichen Maße zu. Da aber die Tubera olfactoria ihre Lagebeziehungen zu diesen Öffnungen und den Fasciculi optici normalerweise nicht ändern, wächst infolgedessen auch die Entfernung zwischen den Tubera olfactoria nicht unerheblich. Das heißt, die beiden entfernen sich voneinander, was eine erhebliche Größenzunahme des Konvergenzwinkels zwischen den beiden Tractus olfactorii zur Folge hat (vgl. Abb. 40 mit den Abb. 41 bis 43).

Bemerkenswert ist, daß in Fällen, in denen eine Asymmetrie der Riechhirnausladungen in der Form vorliegt, wie dieselbe die Fig. 8 auf Tafel 32 von G. Retzius zeigt, bei der wegen Verkürzung des entsprechenden Tractus olfactorius die eine Riechhirnausladung kürzer ist wie die andere, also das proximale Ende des einen Bulbus olfactorius weiter okzipital liegt als das des anderen, auch die okzipitalen Enden der Fossae olfactoriae ungleich weit hinterhauptwärts vorgeschoben erscheinen, wie ich dies (vgl. meine Angaben auf S. 64) an dem mit N 284 gekennzeichneten Schädelgrundpräparat der Sammlung des Wiener Anatomischen Institutes feststellen konnte. Denn ein anderer Grund für die asymmetrische Gestaltung der Fossae olfactoriae als die asymmetrische Ausbildung der beiden Riechhirnausladungen wird kaum zu finden sein. Die Asymmetrie der Riechhirnausladungen aber halte ich für eine anlagebedingte Erscheinung, die wahrscheinlich schon ziemlich frühzeitig, also schon zu einer Zeit manifest werden dürfte, in der sich die bleibenden Beziehungen zwischen den Anlagen der Bulbi olfactorii und der Lamina cribriformis noch nicht ausgebildet haben. Für die letztere Annahme spricht die von mir gemachte Beobachtung (vgl. das S. 64 Gesagte) des Vorhandenseins einer solchen Asymmetrie bei einem Keimling von 82 *mm* S. S. Länge. Denn bei Keimlingen dieses Alters ist, wovon ich mich durch das Studium von Schnittreihen überzeugen konnte, die Bildung der Lamina cribriformis des knorpeligen Primordialkraniums noch nicht so weit fortgeschritten, daß sich dieselbe den Verhältnissen der kürzeren Riechhirnausladung nicht mehr hätte anpassen können.

Über die Art und Weise, in welcher sich die Beziehungen des Schläfelappens der Hemisphäre zur Fossa lateralis cerebri und zum Schädelgrunde herausbilden.

Wenn ich in der Einleitung der vorliegenden Abhandlung gesagt habe, daß man sich von der Entwicklung der Lagebeziehungen der von der Seite her sichtbaren Teile des Gehirns zur Oberfläche des Hirnschädels am leichtesten in der Weise ein zutreffendes Bild verschaffen könne, daß man in die Profilansicht des Hirnschädels die Profilansicht des zugehörigen Gehirns einzeichnet und die in dieser Weise gewonnenen Bilder der kraniozerebralen Topographie der einzelnen Keimlinge miteinander vergleicht, so ist dies zweifellos im großen und ganzen richtig. Jedoch erhält man natürlich auf diese Weise von den Lageverhältnissen gewisser nur teilweise nach der Seite, aber zugleich auch basial gerichteter Teile des Stirn- und Schläfelappens der Hemisphäre noch lange kein erschöpfendes Bild. Dies gilt besonders für den Schläfelappen, über dessen basial und medial gerichtete Oberflächenabschnitte und deren Beziehungen zum Schädelgrund man ja begreiflicherweise auch Näheres zu erfahren bestrebt sein wird, um so mehr, als ja gerade die zum Teil basial und zum Teil medial gerichteten Teile des Schläfelappens mindestens indirekt die Verhältnisse des Schädelgrundes formgebend beeinflussen.

Vor allem halte ich es da für notwendig, über die Entwicklung der Form der Fossa lateralis cerebri, über die ich sowie über die des Schläfelappens der Hemisphäre in dem 1. Teile meiner Hirnarbeit (S. 48, 80 und 133) nur dürftige Angaben gemacht habe, etwas eingehender zu berichten. Über die Formverhältnisse der Fossa lateralis cerebri nach ihrem Sichtbarwerden und während der ersten Zeit ihrer weiteren Entwicklung geben die Fig. 39, 42, 43, 46, 47 und 49 auf Tafel 7—9 (1. T. H. A.), die sich alle auf Seitenansichten von Gehirnen der Keimlinge einer S. S. Länge von 27 bis 96 mm beziehen, bis zu einem gewissen Grade Aufklärung. Auch an den in den Abb. 30 bis 34 auf Tafel 9 wiedergegebenen Basialansichten der Gehirne einiger Keimlinge von 25 bis 105 mm S. S. Länge ist die Fossa lateralis cerebri mehr oder weniger deutlich als eine unmittelbar scheitelwärts von dem sagittalen Verlaufsabschnitte des als Gyrus olfactorius lateralis bezeichneten unscheinbaren Wulstes ausgeprägte Eindellung der Hemisphärenseitenfläche zu erkennen, deren Oberfläche zunächst (vgl. die Abb. 30 bis 33) noch ganz ohne schärfere Grenze in die seitlich leicht vorgewölbten Oberflächenteile, der drei an der späteren scharfen Umgrenzung des schließlich zum Inselfeld werdenden Grundes der Grube beteiligten Hemisphärenteile, des Stirn-, Scheitel- und Schläfelappens, übergeht.

Von diesen dreien zeigt zuerst der Schläfelappen bei dem Keimling von 105 mm S. S. Länge (vgl. Abb. 34, Tafel 9), und zwar zunächst nur frontal eine deutlichere Abgrenzung gegen diesen Grund in Form einer nur schwach ausgebildeten, bogenförmigen, ihre Konvexität stirnwärts richtenden Furche. Diese Furche ist seitlich noch im Bereich der Fossa lateralis cerebri am wenigsten gut ausgeprägt. Sie geht dort, wo die die Fossa lateralis medial von dem als Wulst nur ganz schwach ausgebildeten sagittalen Verlaufsabschnitt des sogenannten Gyrus olfactorius lateralis begrenzt erscheint, auf diesen über, passiert dann noch weiter medial die Area olfactoria der basialen Fläche des Endhirns und übergeht schließlich in das laterale Ende des Sulcus hemisphaericus. Vergleicht man an den Abb. 25 bis 43 auf Tafel 9 die Verhältnisse der frontalen, basial gerichteten Teile der Schläfelappen miteinander, so bemerkt man, daß bei dem Keimling von 25 mm S. S. Länge dieser noch recht schwach basial vorspringende Teil sich medial und etwas hinterhauptwärts vorwölbt. Bei dem Keimling von 34·2 mm S. S. Länge (vgl. Abb. 32), bei der Schläfelappen basial schon stärker vorspringt, ist seine mediale Vorwölbung kaum mehr okzipital, wohl aber beinahe schon rein medial gerichtet. Bei dem Keimling von 44 mm S. S. Länge (vgl. Abb. 32) hingegen richtet sich diese mediale Vorwölbung schon etwas frontal, und diese Richtung erscheint bei noch stärkerem basialem Vorspringen des Schläfelappens an dem Gehirn des Keimlings von 68 mm S. S. Länge (vgl. Abb. 33) noch deutlicher ausgeprägt. Bemerkenswert ist dabei, daß jetzt an dieser medial gerichteten, wie das frontale Ende des Schläfelappens aussehenden Ausladung eine ganz leichte linsenförmige Vorwölbung ausgebildet ist. Es ist dies die von G. Retzius am Gehirn des Erwachsenen entdeckte, von ihm als Gyrus semilunaris bezeichnete Bildung. An sie schließt seitlich, ihre laterale Begrenzung bildend, ein kaum wahrnehmbarer flacher Wulst an, der die Fortsetzung des Gyrus olfactorius lateralis darstellt. Auch dieser Wulst wurde erstmalig von Retzius beschrieben und Gyrus ambiens genannt.[1]

Bei dem Keimling von 105 mm S. S. Länge (vgl. Abb. 33) wölbt sich der Schläfelappen in basialer Richtung noch wieder stärker vor. Dabei ist aber auch seine mediale Ausladung (vgl. Abb. 33) umfangreicher geworden und scheint sich noch viel deutlicher stirnwärts zu wenden. Zum Teil ist dieser Eindruck durch die (vgl. die Abb. 33 und 34) veränderte Einstellung des Gyrus semilunaris bedingt, dessen Mittelpunkt nicht mehr rein medial, sondern auch schon ziemlich deutlich stirnwärts gerichtet ist. Zum anderen und vielleicht größeren Teil hängt dieser Eindruck auch mit der Stellungsänderung des ganzen Schläfelappens zusammen, die durch die mächtige Entwicklung des Hinterhauptslappens bedingt ist, der nun schon das Kleinhirn scheitelwärts ganz überlagert. Noch aber ist an der Basialansicht des

---

[1] Davon, daß, wie Retzius angibt, der Gyrus olf. lateralis nicht nur in den Gyrus ambiens, sondern auch in den Gyrus semilunaris übergeht, konnte ich an den von mir untersuchten Gehirnen älterer Keimlinge nichts wahrnehmen. Das heißt, ich konnte nur seinen Übergang in den Gyrus ambiens feststellen.

Gehirns (vgl. Abb. 34) der basiale Abschnitt der Fossa lateralis cerebri und der Gyrus olfactorius lateralis ganz zu überblicken, nur ist der letztere im Bereich seiner sagittalen Verlaufstrecke bei seinem Übergang auf dan Schläfelappen, also dort, wo er in den Gyrus ambiens übergeht, winkelig abgeknickt.

Über die Art und Weise, in welcher sich dann bei älteren Keimlingen der Grund der Fossa lateralis cerebri allmählich gegen die Anlagen der Opercula abzugrenzen beginnt und in welcher die einzelnen Abschnitte der das Inselfeld begrenzenden Furche entstehen, habe ich an der Hand der Abb. 22 bis 29 (Tafel 8 und 9) auf S. 44 und 45 bereits berichtet. An diesen Abbildungen sieht man auch, welche Formveränderungen sich an dem vorerst beinahe rein basial gerichteten frontalsten Abschnitt des Schläfelappens abspielen und wie derselbe allmählich immer mehr in frontaler Richtung ausladet. Wie sich aber dabei der sagittale Verlaufsabschnitt des Gyrus olfactorius lateralis verändert, ist an diesen Bildern allerdings nicht zu sehen. Bei einem Vergleich der Abb. 33 und 34 erkennt man aber schon, daß die sagittale Verlaufsstrecke des Gyrus olfactorius lateralis nicht nur relativ, sondern auch absolut kürzer wird, was wohl darauf zurückzuführen ist, daß sich die seichte, die frontale Ausladung des Schläfelappens gegen die basiale Fläche des Stirnlappens begrenzende Furche, welche diesen Verlaufsabschnitt kreuzt, allmählich verschiebt. Schließlich wird dann beim Fortschreiten der Entwicklung des frontalen Teiles des Schläfelappens der sagittale Verlaufsabschnitt des Gyrus olfactorius lateralis ganz auf den sich frontal vorwölbenden Teil des Schläfelappens verlagert und so, indem sich die den Schläfelappen frontal begrenzende Furche vertieft, der Gyrus olfactorius lateralis an der Stelle, an welcher sein transversaler in den früher sagittalen, jetzt immer mehr gegen den Uncus ablenkenden und nun ganz zum Gyrus ambiens gewordenen Abschnitt abgeknickt, so daß seine beiden Teile, der transversale und der früher sagittale, unter einem spitzen, medial und frontal offenen Winkel ineinander übergehen, der später schließlich ganz in die Tiefe des an die Vallecula cerebri lateralis anschließenden Teiles der Fissura lateralis cerebri zu liegen kommt. Abb. 35, Tafel 10, zeigt die Basialansicht des Gehirns eines Keimlings von 200 *mm* S. S. Länge, dessen Seitenansicht in Abb. 28, Tafel 9, wiedergegeben ist, an der man, weil der Schläfelappen schon sehr stark frontal ausladet, von dem Grunde des medialsten Teiles der Fissura lateralis cerebri nichts mehr sieht.

Betrachtet man die Seitenansichten der Keimlingsgehirne, deren Basialansichten in den Abb. 30 bis 34 wiedergegeben sind, dann sieht man an ihnen natürlich nur die basiale und nicht auch die medial gerichtete Ausladung des Schläfelappens und wird wohl, wenn man diese Seitenansichten mit Profilansichten der Gehirne von älteren Keimlingen, Kindern und Erwachsenen vergleicht, kaum zögern, den jeweils basial und in der Folge frontal am stärksten vorspringenden Punkt dieser Ausladung als Schläfepol der Hemisphäre zu bezeichnen. Bei der Betrachtung der Basialansichten allein aber wird man freilich wieder sehr stark im Zweifel darüber sein können, wo dieser basial am stärksten vorspringende Punkt des Schläfelappens zu suchen sei. Dabei ist man natürlich auch, wenn man die Basialansichten vor Augen hat, von der medialen hirnschenkelwärts gerichteten Ausladung des Schläfelappens beeindrukt, welche den Tractus opticus zum Teil verdeckt. Dieser Eindruck ist ein so starker, daß man versucht sein kann, diese mediale Ausladung als das eigentliche Ende des Schläfelappens, also als Schläfepol anzusehen und dies um so mehr, als ja im Bereich dieser Ausladung auch die Pars temporalis des Endhirnventrikels endigt. Trotzdem halte ich es nicht für zweckmäßig, den medial am stärksten vorspringenden Punkt dieser Ausladung als Temporalpol oder als primären Temporalpol zu bezeichnen, wie dies Economo (1925) getan hat.[1] Für mich ist viel-

---

[1] Economo benützt den Ausdruck Temporalpol zuerst auf S. 95, wo er bei der Beschreibung des G. olfactorius lateralis sagt: Der letztere „gelangt an den vorderen medialen und dorsalen Rand des Temporalpoles, also des Uncus". Das heißt, für ihn ist der Temporalpol kein Punkt, sondern die ganze Vorwölbung des Schläfelappens, aus welcher der Uncus hervorgeht. Er gebraucht dann für den gleichen Teil in der Buchstabenerklärung seiner Abb. 56 auf S. 98 den Ausdruck „primärer Schläfepol", während er auf S. 102 wieder für ungefähr den gleichen Teil (der Abb. 66/IV) den Ausdruck „medialer Schläfepol" verwendet, um dann schließlich auf S. 106 die Bezeichnung „ursprünglicher (uncialer) Schläfepol" zu verwenden.

mehr jeweils immer der Punkt des Schläfelappens der Temporalpol der Hemisphäre, der bei der Betrachtung der Hemisphäre von der Seite, am Schläfelappen zuerst am weitesten basial, dann, wenn der Winkel der Rinne, den die frontal gerichtete Fläche des Schläfelappens mit dem medialen Ende des Grundes der Fossa lateralis cerebri mit dem Gyrus olfactorius lateralis und der Area olfactoria einschließt, ein rechter und schließlich ein spitzer zu werden beginnt, basial und frontal und schließlich, wenn die Fossa cerebri lateralis zur Fissura cerebri lateralis umgewandelt wurde, der frontalste Punkt des Schläfelappens überhaupt ist. Ob freilich die Zellen, die beim Erwachsenen im Bereich des als Temporalpol bezeichneten Punktes

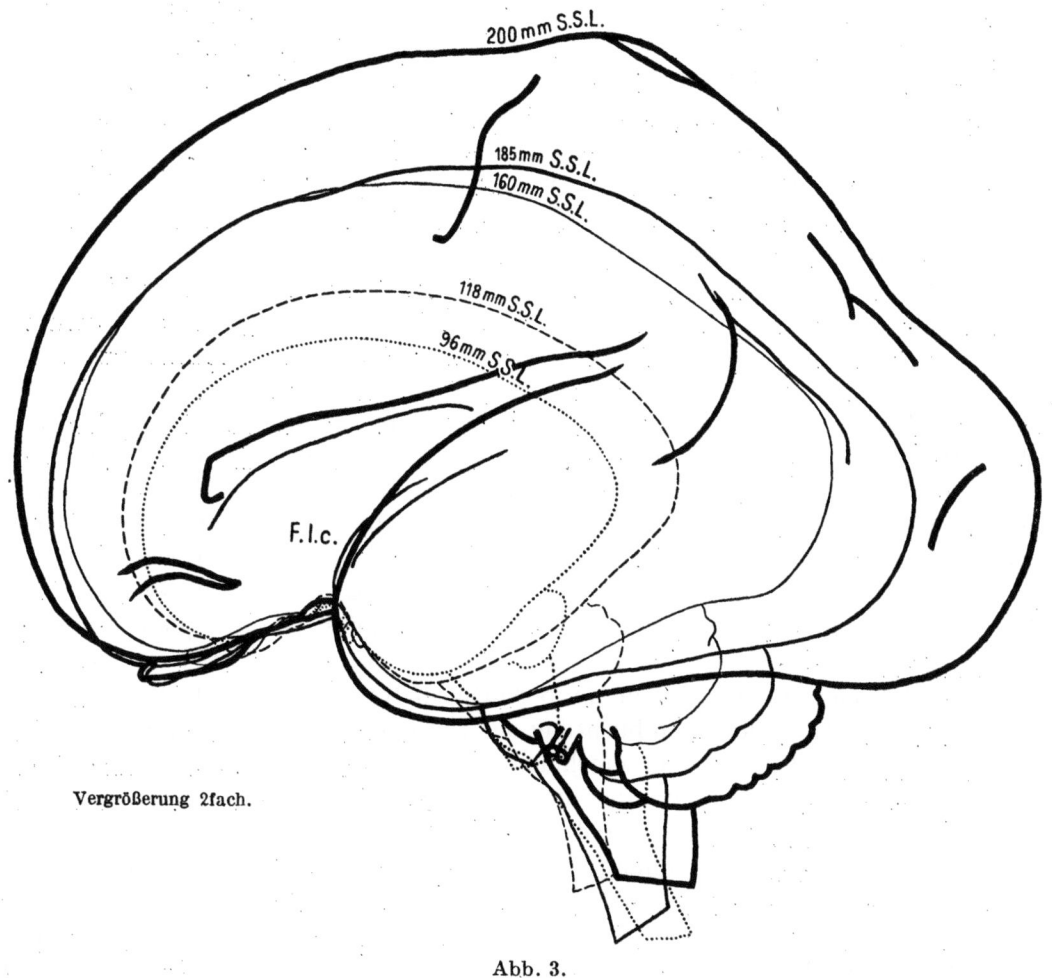

Abb. 3.

liegen, dieselben Zellen oder Abkömmlinge der Zellen sind, die sich bei Keimlingen des 3. Monates im Bereich des als Temporalpol bezeichneten Punktes befinden, ist eine Frage, die sich natürlich nicht auch nur mit einiger Sicherheit beantworten läßt. Nur das eine scheint mir dabei ziemlich sicher zu sein, daß es sich dabei nur um Zellen handeln kann, die seitlich von der Uncusanlage liegen, also nicht das geringste mit dieser Anlage zu tun haben dürften.

Wie sich bei jüngeren Keimlingen bis zu einer S. S. Länge von 96 mm der Schläfepol der Hemisphäre in der Seitenansicht verhält, zeigt die Textfig. 5 auf S. 8 (H. A. 1. T.) recht gut. An ihr erscheinen die Umrisse der Gehirnprofile von Keimlingen von 38, 42, 53, 68 und 96 mm S. S. Länge übereinandergezeichnet. Man sieht an ihr, wie sich der Schläfepol der Hemisphäre bei den jüngeren Keimlingen bis zu 53 mm S. S. Länge rein schädelgrundwärts richtet und wie er sich dann in der Folge allmählich auch schon ein wenig frontal zu richten beginnt. Es hängt dies vor allem auch damit zusammen, daß die der Tentoriumanlage zugewendete Fläche des Schläfe- und Hinterhauptslappens, die vorerst ganz hinterhauptwärts gerichtet war, sich infolge des eigenartigen fächer- bzw. pinselförmigen Wachstums der Hemisphäre allmählich immer mehr dem Grunde der hinteren Schädelgrube zuwendet. Sie hält bei dieser Lageveränderung ungefähr gleichen Schritt mit der Lageverschiebung, welche zur selben Zeit die Tentoriumanlage erleidet. Erst verhältnismäßig spät, wenn das Tentorium seine definitive Einstellung bereits erreicht hat, stellt sich der Scheitelpunkt des Bogens, welchen die Profilkontur des Schläfelappens bildet und der als Schläfepol zu bezeichnen ist, immer mehr in die rein frontale Richtung ein. Das heißt, es wächst nun der Schläfelappen gleichzeitig in dieser Richtung vor und verdeckt dabei den Schädelhöhlenabschnitt des Fasciculus opticus von der Seite her bis an seine Eintrittstelle in den nach ihm benannten Knochenkanal heran.

Um die eben geschilderten Verhältnisse klarzulegen, habe ich (vgl. die Textabb. 3 auf S. 73) die Umrisse der Gehirnprofile von vier älteren Keimlingen von 118, 160, 185 und 200 mm S. S. Länge in der gleichen Weise, wie sie bei der Herstellung der Textfig. 5 (H. A. 1. T.) verwendet worden war, übereinander und über die Profilkontur des Gehirns des Keimlings von 96 mm S. S. Länge der Textfig. 5 (H. A. 1. T.) gezeichnet. An der Hand dieser Abbildung wird es nun dem Leser kaum schwer fallen, sich die im vorausgehenden geschilderten Wachstumsvorgänge zu vergegenwärtigen.

Außer der Lageverschiebung, welche der Schläfepol der Hemisphäre während dieser Entwicklungsperiode erleidet, zeigt aber die Textabb. 3 auch die ungleich viel stärkere Verschiebung, die den Hinterhauptspol der Hemisphäre zur gleichen Zeit betrifft, und wie stark sich derselbe auch dem Kleinhirn gegenüber verschiebt. Während nämlich die Entfernung des Hinterhauptspoles der Hemisphäre von der die okzipitale Kontur des Kleinhirns tangierenden Frontalebene bei dem Keimling von 96 mm S. S. Länge 3 mm beträgt, beträgt die gleiche Entfernung bei dem Keimling von 200 mm S. S. Länge 13 mm. Sie ist demnach um mehr als das Vierfache angewachsen. Auf diese Weise ist aber gleichzeitig auch der mächtige subtentoriale Reserveraum gebildet worden, den das nun immer stärker wachsende Kleinhirn immer mehr, schließlich, aber freilich erst nach der Geburt, ganz ausfüllt (vgl. auch S. 39).

Wie steht es nun mit dem Verhalten des Schädelgrundes dem Temporallappen gegenüber? Bei Keimlingen von etwa 43 bis 44 mm S. S. Länge ist, wie das Studium von Sagittalschnittreihen lehrt und wie man auch an Schädelgrundpräparaten feststellen kann (vgl. Abb. 36), noch kaum eine leichte Einbuchtung der Duragrenzschichte im Bereich des Seitenteiles der mittleren Schädelgrube wahrzunehmen, so daß auch der durch den Rand der knorpeligen Ala parva des Keilbeines hervorgerufene, die Grenze zwischen vorderer und mittlerer Schädelgrube bezeichnende Wulst nur gerade erst angedeutet ist und auch der Limbus sphenopetrosus lateralis seitlich vom Hirnanhang kaum vorspringt. Dabei liegt sowohl der Schläfepol der Hemisphäre wie die Furche, welche den Schläfelappen von der Area olfactoria und dem Stirnlappen sondert, noch ziemlich weit von der Duragrenzschichte entfernt, welche in dieser Zeit den Grund der mittleren Schädelgrube bildet und auch den Rand der Ala parva bedeckt. Außerdem aber ist dieselbe durch eine dicke Schichte leptomeningealen Gewebes von den in Betracht kommenden Teilen der Hemisphärenoberfläche getrennt. Nur etwas weiter okzipital, schon im Bereich des Recessus trigeminalis cavi durae matris, also im Gebiete der Seitenteile des Tentoriums, ist die leptomeningeale Gewebsschichte, welche die Oberfläche des Schläfelappens von der Duragrenzschichte trennt, verhältnismäßig dünn. Aber doch ist sie auch hier wieder nicht so dünn, daß von einer unmittelbaren Berührung des Schläfelappens und der Duragrenzschichte gesprochen werden könnte. Auch bei etwas älteren Keimlingen, wie z. B. bei Peh 2 meiner Sammlung, von 46·5 mm S. S. Länge liegen die Verhältnisse ganz ähnlich. Dies zeigen die in den Fig. 75 bis 82 auf Tafel XIX und XX (1. T. H. A.) abgebildeten Frontalschnitte ganz deutlich. Von einer unmittelbaren, durch Druck von seiten des wachsenden Gehirns bedingten mechanischen Beeinflussung der Duragrenzschichte und der unter ihr liegenden Teile des Schädelgrundes kann also wohl durchaus keine Rede sein. Vielmehr eilt, wovon man sich an guten Präparaten lebensfrisch fixierter Objekte jederzeit überzeugen kann, die Modellierung des Schädelgrundes der Gestaltsveränderung der benachbarten Hemisphärenteile stets stark voraus.

In der gleichen Beziehung, aber fast noch eindrucksvoller sind die Frontalschnitte durch das Gehirn im Schädel des Keimlings E 6 von 87 mm S. S. Länge meiner Sammlung, die in den Fig. 113 bis 124 auf Tafel XXIV und XXV (1. T. H. A.) abgebildet sind. Freilich geben auch diese Bilder gerade über einen Punkt, der uns hier besonders interessiert, keine Aufklärung, nämlich darüber, wie sich die den Schläfelappen von der Area olfactoria abgrenzende und gegen den Grund der Fossa cerebri lateralis hin seitlich sich fortsetzende Furche, die bei einem solchen Keimling schon vorhanden, aber natürlich bei Keimlingen von mehr als 100 mm S. S. Länge sehr viel besser ausgeprägt ist, zu dem Rande der Ala parva der Anlage des Keilbeines verhält. Darüber erfährt man nur Bestimmtes, wenn man Sagittalschnittreihen durch die Köpfe solcher Keimlinge studiert. So sehe ich an der Sagittalschnittreihe durch den Kopf des Keimlings E 23 meiner Sammlung von 64 mm S. S. Länge, daß diese Furche ziemlich weit okzipital von dem Rande der Ala parva gelegen ist und so wie die etwas schief basial und okzipital abfallende, scheitelwärts von der Ala parva befindliche Area olfactoria durch ein mächtiges Lager leptomeningealen Gewebes von der diese Ala bedeckenden Schichte duralen Gewebes getrennt ist. Noch schöner sind die Dinge bei dem Keimling St. Sp. von 73·5 mm S. S. Länge zu sehen, bei dem auch die unter den Rand der Ala parva hinein frontal vorragende Ausbuchtung der Duragrenzschichte, die an dem Kopfe des Keimlings E 23 nur erst angedeutet ist, bereits sehr gut ausgebildet erscheint, obwohl der Schläfepol der Hemisphäre noch weit entfernt von dieser Bucht gelegen ist. Am eindrucksvollsten erscheinen diese Verhältnisse allerdings an dem ältesten Keimling E 7 meiner Sammlung von 105 mm S. S. Länge, dessen Kopf in eine Sagittalschnittreihe zerlegt worden war. Denn während bei ihm die der späteren Aufnahme des frontalsten Teiles des Schläfelappens dienende Bucht der Duragrenzschichte schon sehr gut ausgebildet ist, kann von einer Ausladung des den Temporalpol tragenden Teiles des Schläfelappens gegen diese Bucht hin noch keineswegs gesprochen werden. Sicherlich besteht ein ursächlicher Zusammenhang zwischen der Bildung dieser Bucht und der Entwicklung des frontalsten Teiles des Schläfelappens, zu dessen Aufnahme ja die Bucht dient. Aber mechanisch bedingt durch diese Entwicklung kann ihre Bildung nicht sein. Denn einen unmittelbaren Druck auf die Duragrenzschichte vermag der sich entwickelnde Schläfelappen nach den von mir gemachten Beobachtungen in keiner Weise auszuüben.

Wann sich der den Schläfepol tragende frontalste Teil des Schläfelappens in die für ihn bestimmte, basial von der Ala parva befindliche Bucht des Cavum durae matris vorzuschieben beginnt, kann ich wegen Mangels des dazu nötigen Materials an Schnittreihen nicht mit Sicherheit feststellen. Ich vermute nur nach dem, was ich bei der Herausnahme von Gehirnen aus fötalen Schädeln gesehen habe, daß dies bei Keimlingen von etwas über 170 mm S. S. Länge der Fall sein dürfte. Wann sich aber dann schließlich der nun nur noch von ganz verdünnter Leptomeninx überzogene frontalste Abschnitt des Schläfelappens so weit entwickelt hat, daß er die für ihn bestimmte Bucht nun auch wirklich völlig ausfüllt, wobei sich der Grund der Vallecula cerebri lateralis ganz an den von Dura überzogenen Rand des kleinen Keilbeinflügels anlagert, darüber vermag ich vorläufig nicht das geringste auszusagen.

Über die Lageverhältnisse eines von der linken Seite her bis an die Medianebene heran freigelegten Gehirns eines Keimlings von 190 mm S. S. Länge (vgl. Abb. 44 auf Tafel 11).

Im Anschlusse an das im vorausgehenden über die Beziehungen des sich entwickelnden Schläfelappens der Hemisphäre zur Duragrenzschichte und zur Schädelkapsel Gesagte und Bezug nehmend auf die in der vorliegenden Abhandlung mehrfach gegebenen Hinweise auf die während der Entwicklung an den verschiedensten Stellen bestehende, mehr oder weniger hochgradige Inkongruenz zwischen der Form des Gehirns und der Innenauskleidung der

Schädelkapsel will ich im nachfolgenden an der Hand der Abb. 44, Tafel 11, ein Präparat beschreiben, das ich in der letzten Zeit herstellen konnte, um an demselben gewisse Verhältnisse klarzulegen, auf welche bisher, so weit mir bekannt wurde, noch kein anderer Forscher hingewiesen hat. Der Keimling, um den es sich bei diesem Präparat handelt, hatte eine S. S. Länge von 190 mm und war in der gewöhnlich von mir angewendeten Weise durch Injektion von Zenckerscher Lösung von der Aorta aus fixiert, entsprechend weiterbehandelt und dann das unmittelbar über dem Sternum abgetrennte Kopfhalspräparat in salzsaurem Alkohol auf das sorgfältigste entkalkt worden. Die nun folgende Präparation bestand vorerst darin, daß alle das Gehirn bedeckenden Teile mit Ausnahme der Leptomeninx bis unmittelbar an die Medianebene heran entfernt wurden. Dabei ergab sich zunächst, daß die äußere Grenzschichte der Leptomeninx, die Arachnoides, der Dura mater, von der sie überall bereits getrennt war, allenthalben unmittelbar anlag und daß infolgedessen selbst von den gröberen Oberflächenverhältnissen des Großhirns nichts wahrzunehmen war. So war also vor allem auch von der Fossa lateralis cerebri und den ersten Anlagen der Furchen keine Spur zu sehen. Das heißt, das die Hemisphärenoberfläche bedeckende Lager leptomeningealen Gewebes füllt den ganzen Zwischenraum zwischen dieser Oberfläche und der Duraauskleidung der Schädelkapsel aus. Von besonderem Interesse war für mich dabei auch die Beobachtung, daß selbst im Gebiete der Fossa lateralis cerebri an der Arachnoides nicht die geringste Eindellung wahrzunehmen war.

Daß im Gebiete der Fossa lateralis cerebri auch schon in jüngeren Entwicklungsstufen ein mächtiges Lager leptomeningealen Gewebes den Zwischenraum zwischen Hirnoberfläche und Schädelkapsel bis zu einem gewissen Grade ausfüllt, war mir ja bekannt, denn an Horizontalschnitten durch die Köpfe solcher Keimlinge (vgl. z. B. die Abb. 95 bis 98 auf Tafel XXII 2. T. H. A., die sich auf den Keimling A 8 von 43·3 mm S. S. Länge beziehen) ist dies gut zu sehen. Nur wird bei ihnen der bestehende Zwischenraum zwischen der Hemisphärenoberfläche und der Anlage der Schädelkapsel nicht nur durch leptomeningeales Gewebe, sondern auch noch dadurch ausgefüllt, daß die Duragrenzschichte im Gebiete der Fossa lateralis cerebri, wie dies die Fig. 95 bis 98 sehr schön zeigen, etwas gegen diese Grube zu vorgewölbt erscheint, wobei wieder der an dieser Stelle bestehende Zwischenraum zwischen der Duragrenzschichte und der Schädelkapsel von flüssigkeitsreichem pachymeningealem Gewebe erfüllt ist. Bei älteren Keimlingen legt sich dann freilich, indem dieses pachymeningeale Gewebspolster schwindet bzw. seinen Flüssigkeitsgehalt verliert, die Duragrenzschichte allmählich an die Anlage der Schädelkapsel an, und damit verschwindet natürlich auch die leichte Einbuchtung, die anfänglich die Oberfläche des leptomeningealen Gewebspolsters im Bereich der Fossa lateralis cerebri noch zeigt. Jedenfalls besteht aber bei älteren Keimlingen, so lange noch etwas von der Fossa lateralis cerebri zu sehen ist, in ihrem Bereich ein mehr oder weniger mächtiges, die Inkongruenz zwischen Innenauskleidung des Schädels und Hemisphärenoberfläche ausgleichendes leptomeningeales Gewebspolster, das erst völlig verschwindet, wenn sich die Fossa lateralis cerebri gänzlich in die gleichnamige Spalte umgewandelt hat.

Ein zweites derartiges, wenn auch nicht ganz so mächtiges Polster weicher Hirnhaut befindet sich aber auch noch an einer anderen Stelle der Hemisphärenoberfläche, an welcher die bestehende Inkongruenz zwischen dieser Oberfläche und der von Dura mater überzogenen zerebralen Fläche des Schädeldaches an dem Präparat der Abb. 44, Tafel 11, an dem die die Hirnoberfläche bedeckende Leptomeninx schließlich ganz entfernt worden war, besonders in die Augen springt. Es ist dies die Stelle, an welcher im Bereich der Mantelkante die Kontur des Scheitellappens in die des Hinterhauptslappens übergeht, also die Stelle, an welcher sich später an der medialen Hemisphärenfläche der Sulcus parieto occipitalis entwickelt. Wie die Abb. 44 zeigt, besteht hier zwischen der geradlinig verlaufenden Mantelkante und der zerebralen Fläche der Schädelwölbung ein beträchtlicher Zwischenraum, der dort, wo später der Sulcus parieto occipitalis in die Mantelkante einschneidet, am größten ist. Dieser Zwischenraum verringert sich zuerst scheitelwärts ziemlich rasch, dann aber stirnwärts ganz allmählich, bis er sich schließlich in der Gegend des Nasion zu einem ganz engen Spalt verengt. Hinterhauptwärts wird er hingegen ziemlich rasch und gleichmäßig enger und erscheint schließlich in der Gegend des Hinterhauptspoles der Hemisphäre fast bis auf Null reduziert. Der beschriebene Zwischenraum und das denselben ausfüllende Gewebspolster setzt sich nun, wie dies auch aus den 1924 von mir gebrachten Abb. 2 und 3 des Gehirns eines Keimlings von 160 mm S. S. Länge hervorgeht, nicht nur etwas gegen die laterale Hemisphärenfläche fort, sondern erstreckt sich auch an ihrer medialen Fläche, zwischen sie und die Großhirnsichel vordringend, bis gegen die basale Fläche der Hemisphäre herab. Zwischenraum und Gewebspolster bleiben auch noch verhältnismäßig lange erhalten. Dies geht aus den gleichfalls 1924 von mir gebrachten Abb. 6 und 7 hervor, die sich auf die Großhirnhemisphäre eines Keimlings von 240 mm S. S. Länge beziehen. Beide verschwinden erst in dem Zeitpunkt, in dem der Sulcus parieto occipitalis bis an die Mantelkante heran voll ausgebildet ist und die letztere an der kritischen Stelle keine Einbiegung mehr zeigt.

Daß in ähnlicher Weise auch an allen den Stellen, an welchen später Anlagen von Furchen auftreten und dadurch neue Inkongruenzen zwischen der vorher glatten Hemisphärenoberfläche und der Schädelinnenfläche zustande kommen, auch wieder leptomeningeale, diese Inkongruenzen ausgleichende Gewebspolster zur Ausbildung kommen, ist klar. Auch sie werden erst bei der völligen Ausbildung der Furchen zu den leptomeningealen Platten, welche die letzteren ausfüllen, reduziert. Sehr schön zeigt die Abb. 44 auch den noch sehr ausgedehnten, zum Teil von leptomeningealem Gewebe und der Flüssigkeit der bereits gebildeten Cisterna cerebello medullaris erfüllten Raum kaudal vom Tentorium in der Umgebung der Brücke, des verlängerten Markes und des Kleinhirns. Es ist dies ein Raum, der, wie schon erwähnt wurde (vgl. S. 39 und 40), bis auf den von der Cisterna cerebello medullaris eingenommenen Abschnitt erst nach der Geburt von den in der Pars minor cavi durae matris befindlichen Hirnteilen und unter diesen vor allem durch das mächtig gewachsene Kleinhirn ziemlich vollständig ausgefüllt wird.

Über die während einer bestimmten Entwicklungszeit bestehenden nachbarlichen Beziehungen der dünnen Rautenhirndecke zur Schädelkapsel und wie sich diese Beziehungen später lösen.

Zum Schlusse will ich nun noch auf gewisse Besonderheiten hinweisen, die sich im Gebiete der Pars minor cavi durae matris insofern darbieten, als ein Teil der Oberfläche des Rautenhirns nicht nur durch längere Zeit mit der Duragrenzschichte in unmittelbarer Berührung und Verbindung bleibt, sondern auch dort, wo die letztere in der Nachbarschaft des oberen Bogenganges mit dem Perichondrium des Labyrinthknorpels verschmolzen ist, dem letzteren wenigstens mittelbar anliegt. Es handelt sich dabei um einen Teil der im Bereich der sogenannten Rautenbreite gelegenen dünnen Rautenhirndecke.

Die Fig. 67 auf Tafel XVIII (1. T. H. A.) zeigt einen Frontalschnitt durch den Kopf des Keimlings Peh 4 von 25·1 mm S. S. Länge, an dem das Rautenhirn im Bereich seines breitesten Teiles und das Mittelhirn am Übergange ins Zwischenhirn so getroffen ist, daß dorsal die Zirbelanlage durchschnitten wurde. Bei dem Keimling ist im Gebiete des Rautenhirns die Duragrenzschichte besonders seitlich schon sehr gut ausgebildet. Nur in der Mitte ist dieselbe dorsal von der Kleinhirnanlage und dem Mittelhirn noch nicht differenziert. Seitlich dagegen ladet sie im Gebiete zwischen dem Mittel- und Rautenhirn medianwärts aus. Diese Ausladung entspricht dem Durchschnitt durch die von mir (1939) als Randkante der Tentoriumanlage bezeichnete Bildung. In dem mächtigen Lager pachymeningealen Gewebes, welches den Zwischenraum zwischen dem Chondro und Desmocranium einer- und der Duragrenzschichte anderseits ausfüllt, liegen beiderseits von Mittel- und Rautenhirn die großen Venen, aus denen sich später die Sinus transversi und sigmoidei entwickeln. Folgt man an der Fig. 67 der Durchschnittslinie der Duragrenzschichte bis an den Rand der Kleinhirnplatte, so sieht man, wie sich dieselbe dort, wo dieser Rand mit der dünnen Rautenhirndecke zusammenhängt, mit der letzteren verbindet und sich mit ihr fest verbunden dort wieder von ihr trennt, wo dieselbe medianwärts umbiegend der Tänie des verlängerten Markes zustrebt. Seitlich von dieser Stelle aber sieht man den in das pachymeningeale Gewebsläger eingebetteten Querschnitt des Saccus endolymphaceus, dessen Durchmesser rechts mehr als doppelt so groß ist wie links. Es hängt dies damit zusammen, daß der nicht ganz symmetrisch geführte Schnitt den Saccus endolymphaceus sinister näher seinem dorsalen Ende getroffen hat als den der Gegenseite. Die Durchsicht der Schnittreihe lehrt, daß der Zusammenhang der Duragrenzschichte mit der dünnen Rautenhirndecke bis an das basiale Ende des Recessus lateralis des Rautenhirnhohlraumes heranreicht, während dorsal wegen der ungünstigen Schnittrichtung nicht genau festzustellen ist, wie weit der Zusammenhang medianwärts reicht.

Bei dem Keimling E 20 meiner Sammlung von 28·84 mm S. S. Länge liegen noch ganz ähnliche Verhältnisse vor wie bei Peh 4, und man sieht an den Fig. 72 bis 76 auf Tafel 20 (2. T. H. A.), wie der Zusammenhang der Duragrenzschichte mit der dünnen Rautenhirndecke schon an der basialsten Stelle des Recessus lateralis ventriculi rhombencephali beginnt, wie sich aber (vgl. Fig. 74) dieser Zusammenhang im Bereich der Plica chorioidea schon ziemlich weit seitlich löst und wie im Bereich der kaudalen blasenförmigen Ausladung der Rautenhirndecke, also kaudal von der Plica chorioidea keinerlei Verbindung der Duragrenzschichte mit der Rautenhirndecke besteht. An Fig. 76 sieht man, wie linkerseits die mit der dünnen Rautenhirndecke verbundene Duragrenzschichte das Perichondrium des Labyrinthknorpels beinahe berührt. Wie die Verhältnisse an der Dorsalseite des dünnen Rautenhirndaches nahe der Mitte bei Keimlingen dieses Alters liegen, läßt sich freilich weder an Frontal- noch an Horizontalschnittreihen ermitteln. Hingegen sind für eine solche Ermittlung wieder Sagittalschnittreihen besonders geeignet.

Bei dem Keimling Gr. 3 meiner Sammlung von 30·4 mm S. S. Länge, von dem der Medianschnitt durch das Rautenhirn[1] in Fig. 113 auf Tafel 24 (2. T. H. A.) abgebildet ist, ist zwar in der Mitte dorsal von der Kleinhirnplatte und dem kaudal an diese anschließenden Teil der Rautenhirndecke die Duragrenzschichte noch nicht differenziert. Jedoch ist diese Differenzierung weiter kaudal bereits erfolgt und bis an den Punkt heran, an welchem der Durchschnitt durch die dünne Rautenhirndecke am stärksten gegen den Rand der Fig. 113 ausladet, gut zu verfolgen. Die Duragrenzschichte scheint an dieser Stelle, wie das Studium der Schnittreihe lehrt, mit der dünnen Rautenhirndecke in Berührung zu stehen, was leider an der Figur nicht mehr zu sehen ist, weil seinerzeit die parietale Fortsetzung des an der Figur kaudal sichtbaren Duragrenzschichtendurchschnittes beim Zurechtschneiden der Figur fortgeschnitten wurde. Schon etwas seitlich von der Mitte reicht die Duragrenzschichte wesentlich weiter scheitelwärts fast bis an den kaudalen Mittelhirnblindsack heran und hängt hier, wenn auch nur locker, mit der dünnen Rautenhirndecke zusammen (vgl. Fig. 114, 2. T. H. A.).

Daß die dünne Rautenhirndecke mit der Duragrenzschichte im Bereich der Rautenhirnbreite so lange im Zusammenhang bleibt, hängt augenscheinlich mit dem starken Breitenwachstum des Rautenhirns zusammen, das mindestens eine Zeitlang mit dem Breitenwachstum des primordialen Schädels im Bereich der Pars minor cavi durae matris gleichen Schritt hält. Denn nur unter dieser Annahme ist es verständlich, daß bis zu einem gewissen Zeitpunkt die dünne Wand des Recessus lateralis ventriculi rhombencephali mit dem Duraüberzuge der knorpeligen Labyrinthkapsel in der Gegend des oberen Bogenganges und des Crus commune, sowie mit der Duragrenzschichte der Umgebung in Berührung und im Zusammenhang bleiben kann. Dieser Zusammenhang ist unverändert und in der gleichen Ausdehnung auch bei den zwei Keimlingen Hie 6 von 36 mm und E 1 von 37 mm S. S. Länge meiner Sammlung, deren Köpfe in Frontalschnittreihen zerlegt worden waren, noch festzustellen.

Erst bei dem Keimling Ha 12 von 40·6 mm S. S. Länge beginnt sich dieser Zusammenhang allmählich zu lösen. Und zwar erfolgt diese Lösung offenbar, weil das Breitenwachs-

---

[1] Wie so ein Rautenhirn von der Dorsalseite her betrachtet aussieht, zeigt die Fig. 3 auf Tafel 9 (2. T. H. A.).

tum des Rautenhirns nun nicht mehr gleichen Schritt mit dem Breitenwachstum des Schädels halten kann. Sie vollzieht sich in der Weise, daß der von spärlichem leptomeningealem Gewebe unvollständig ausgefüllte Raum zwischen Duragrenzschichte und dünner Rautenhirndecke in der Umgebung der Stelle des Zusammenhanges von der basialen und kaudalen Seite her in Form eines spitzwinkeligen Spaltes zwischen die dünne Rautenhirndecke und die Duragrenzschichte vorzudringen beginnt, während ein ähnliches Vordringen gleichzeitig auch von der parietalen Seite her, zwischen dem Kleinhirnrandstreifen und der Duragrenzschichte erfolgt. Dies hat zunächst nur eine Lösung des ersteren von der letzteren zur Folge.

Etwas weiter fortgeschritten ist der geschilderte Prozeß bei dem Keimling No. Zw 1, der nur eine S. S. Länge von 39·87 mm hatte. Bei ihm hatte sich die dünne Wand des am stärksten basial vorspringenden Teiles des Recessus lateralis ventriculi rhombencephali bereits von der Duragrenzschichte gelöst. Die letztere nähert sich aber derselben etwas dorsal gleich wieder und verbindet sich mit ihr, wobei sich diese Verbindung auf einen mäßig breiten Streifen der dünnen Rautenhirndecke beschränkt, der natürlich auch im Bereich des oberen Bogenganges und des Crus commune mit dem Perichondrium der knorpeligen Labyrinthkapsel in Verbindung steht. Die Ablösung ging, soweit sie erfolgt ist, sowohl von der Seite des Kleinhirnrandstreifens als auch von der kaudalen Seite her vor sich. Dabei erscheint kaudal in dem spitzwinkeligen Raume zwischen Duragrenzschichte und dünner Rautenhirndecke eine keilförmige Masse leptomeningealen Gewebes angesammelt, welche die beiden voneinander abrückenden Teile doch noch miteinander verbindet, während in dem spitzwinkeligen Raume zwischen Kleinhirnrandstreifen und dünner Rautenhirndecke einer- und Duragrenzschichte anderseits von leptomeningealem Gewebe wenig zu sehen ist. Weiter medial ist dorsal die Ablösung von den beiden Seiten her schon so weit fortgeschritten, daß der scheitelwärts offene spitzwinkelige Raum an den kaudalen, von leptomeningealem Gewebe erfüllten Raum anstößt. Noch weiter medial aber, wo sich die dünne Rautenhirndecke ganz von der Duragrenzschichte gesondert hat, würden die beiden Räume ganz zusammenfließen, wenn der oben erwähnte Bindegewebskeil, der dies verhindert, nicht vorhanden wäre. Derselbe steht nun mit dem Pia mater-Überzug des parietalen Abschnittes der dünnen Rautenhirndecke und durch diesen auch mit dem die Plica chorioidea ausfüllenden Bindegewebe in Verbindung. Ist nun die Ablösung der dünnen Rautenhirndecke so weit gediehen, wie dies oben geschildert wurde, dann bildet sich dieser Bindegewebskeil zu einer ganz dünnen Membrana leptomeningica um, die von dem parietalen Blatte der Plica chorioidea zur Duragrenzschichte hinzieht und so den Raum, in dem das Kleinhirn mit dem an seinen Randstreifen angeschlossenen parietalen Blatt der Rautenhirndecke liegt, von dem Raume trennt, in den hinein sich die kaudale Ausladung der dünnen Rautenhirndecke in Form einer Blase vorwölbt.

Bei dem Keimling Peh 2 von 46·5 mm S. S. Länge hat die geschilderte Ablösung weitere Fortschritte gemacht, doch ist dieselbe lange noch nicht vollendet. Jedenfalls steht die dünne Wand des Recessus lateralis ventriculi rhombencephali von der Gegend der Fossa subarcuata an mit der Duragrenzschichte, bzw. im Bereich des oberen Bogenganges und des Crus commune mit dem Perichondrium der knorpeligen Labyrinthkapsel noch in inniger Verbindung. Die Fig. 89 und 90 auf Tafel 21 (2. T. H. A.) zeigen zwei Frontalschnitte durch das Rautenhirn dieses Keimlings bei fünffacher Vergrößerung,[1] an denen seitlich der Zusammenhang der dünnen Rautenhirnwand mit der Duragrenzschichte im Bereich des Saccus endolymphaceus und über denselben hinaus gut zu sehen ist. Der weiter dorsal geführte Schnitt der Fig. 91 zeigt links den Zusammenhang bereits gelöst, während rechts an einer Stelle, dort wo der geradlinig verlaufende Durchschnitt der Rautenhirndecke seitlich kleinhirnwärts umbiegt, noch ein punktförmiger Zusammenhang besteht. An dem in Fig. 92 abgebildeten Schnitt ist die dünne Rautenhirndecke schon vollständig von der hier wohlentwickelten Duragrenzschichte getrennt. Leider sind an den beiden letzterwähnten Bildern die in dem Falle besonders zarten und infolgedessen sehr schwach gefärbten Züge leptomeningealen Gewebes, die

---

[1] In der Figurenerklärung der Arbeit wurde leider die Vergrößerung nicht angegeben.

besonders an die Stellen heranziehen, an denen beiderseits der Durchschnitt der dünnen Rautenhirndecke kleinhirnwärts abbiegt, im Lichtbild nicht herausgekommen. Eine Lamina leptomeningica, die die abgelöste Rautenhirndecke seitlich und dorsal mit der Duragrenzschichte verbinden würde, war in dem Falle des Keimlings Peh 2 nicht nachweisbar.

Bemerkenswert ist, daß manchmal, wie dies die Fig. 82 bis 87 auf Tafel 20 und 21 (2. T. H. A.) zeigen, bei wesentlich jüngeren Keimlingen die Ablösung der dünnen Rautenhirndecke von der Duragrenzschichte bedeutend weiter fortgeschritten erscheint wie bei Peh 2. Die Figuren beziehen sich auf den Keimling X 9 von 42 mm S. S. Länge, bei dem (vgl. Fig. 82 und 83) nur noch im Bereich der Labyrinthkapsel ein gewisser Zusammenhang zwischen Duragrenzschichte und Rautenhirndecke besteht. Bei dem Keimling Gr 1 meiner Sammlung, dessen S. S. Länge nur 41 mm beträgt, sein Kopf war in eine Sagittalschnittreihe zerlegt worden, fehlte sogar schon jeder unmittelbare Zusammenhang zwischen diesen beiden Membranen. Ähnlich liegen die Dinge auch bei dem Keimling Ha 2 von 41·5 mm S. S. Länge, obwohl auch bei ihm sowie bei den Keimlingen Gr 1 und X 9 das Kleinhirn in seiner Entwicklung noch lange nicht so weit fortgeschritten war, wie bei Peh 2. Trotzdem halte ich es für wahrscheinlicher, daß die Verhältnisse, wie ich sie bei Peh 2 fand, die gewöhnlichen sind. Mindestens spricht das, was ich bei etwas älteren Keimlingen sah, für die Berechtigung meiner Annahme. Ich konnte nämlich an den Frontalschnittreihen durch die Köpfe der Keimlinge Apf 17 von 48 mm S. S. Länge und Wi 4 von 48·5 mm S. S. Länge feststellen, daß bei ihnen noch ganz ähnliche Beziehungen zwischen dünner Rautenhirndecke und Duragrenzschichte bestanden wie bei Peh 2.

Wie das Rautenhirn und seine dünne Decke bei solchen Keimlingen aussieht, zeigt die in Fig. 10 auf Tafel 9 (2. T. H. A.) abgebildete Dorsalansicht. Freilich war bei der Präparation des abgebildeten Objektes die kaudal von der Plica chorioidea befindliche, äußerst dünne, blasenförmig ausgebuchtete Partie der Rautenhirndecke entfernt worden. Von dem seitlichen, über den Einschnitt der Plica chorioidea hinausragenden Teil der dünnen Rautenhirndecke steht bei den drei Keimlingen Peh 2, Apf 17 und Wi 4 nur ein schmaler, an den Kleinhirnrand anschließender Streifen, der an der Fig. 10 etwa 3 mm breit ist, mit der Duragrenzschichte in Verbindung. Dieser Streifen verschmälert sich aber dorsal und gegen die Mitte zu sehr rasch, und es endigt die unmittelbare Verbindung zwischen diesen beiden Schichten etwa an einer die seitliche Grenze der durch die Fortnahme der kaudalen Rautenhirndeckenblase entstandenen Öffnung tangierenden, parallel zur Medianebene gezogenen Linie. Von diesem Punkt an tritt an die Stelle der unmittelbaren Verbindung eine mittelbare, die bei den Keimlingen Apf 14 und Wi 4 durch eine äußerst dünne Lage leptomeningealen Gewebes hergestellt wird, die mit dem Bindegewebe der Plica chorioidea und später mit dem des Sulcus chorioideus zusammenhängt. Ich habe auf dieselbe schon weiter oben (auf S. 78) aufmerksam gemacht und nenne sie Lamina leptomeningica tecti rhombencephali.

Bei dem sehr gut erhaltenen Keimling E 6 von 54 mm S. S. Länge meiner Sammlung hat der Ablösungsvorgang der dünnen Rautenhirndecke von der Duragrenzschichte schon wieder weitere Fortschritte gemacht und ist nun auch bereits bis in das Gebiet des oberen Bogenganges und des Crus commune vorgedrungen. Eine festere Verbindung zwischen diesen beiden Lamellen scheint bei E 6 nur noch im Gebiete des Saccus endolymphaceus zu bestehen. Es ist das auch die Stelle, an welcher später an der dünnen Rautenhirndecke der Sulcus chorioideus entsteht und das Bindegewebe des Plexus chorioides noch mit der Duragrenzschichte zusammenhängt. Dorsal ist bei diesem Keimling die Lamina leptomeningica tecti rhombencephali nur insofern angedeutet, als das engmaschige leptomeningeale Bindegewebsgerüst in der Umgebung des Kleinhirns und seines Randstreifens ziemlich scharf (an den Durchschnitten linear) gegen das weitmaschige leptomeningeale Netz, welches die kaudale Rautenhirndachblase umgibt, abgegrenzt ist.

Ähnlich wie bei E 6 liegen die Verhältnisse auch noch bei dem Keimling E 2 von 66 mm S. S. Länge, bei dem, wie die Abb. 59 auf Tafel 13 zeigt, in der Gegend des Saccus endolymphaceus noch eine fast unmittelbare, durch eine dünne Bindegewebslage vermittelte Verbindung des sogenannten Gyrus chorioideus rostralis mit der Duragrenzschichte besteht. Bei dem Keimling Pi 2 hingegen von 60 mm S. S. Länge scheint die Ablösung auch in der Gegend des Saccus endolymphaceus bereits erfolgt zu sein. Wenigstens zeigen die Fig. 147 und 148 auf Tafel 26 (2. T. H. A.), wie das den Plexus chorioides mit der Duragrenzschichte verbindende, seine zu- und abführenden Blutgefäße beherbergende Bindegewebe in den die beiden als Gyri chorioidei bezeichneten wulstförmigen Ausladungen der dünnen Rautenhirnwand voneinander sondernden Sulcus chorioideus eindringt. Bei dem Keimling E 3 von 73 mm S. S. Länge hat, wie dies die Abb. 60 auf Tafel 13 sehr schön zeigt, die Ablösung weitere Fortschritte gemacht. Verfolgt man an ihr die ziemlich dicke, gekrösartig in den Plexus chorioides eindringende Platte durch die Schnittreihe in dorsaler Richtung, dann sieht man, wie sie sich medial rasch verdünnt und in die bei diesem Keimling sehr gut ausgebildete dünne Lamina leptomeningica tecti rhombencephali übergeht.

Bei dem ältesten Keimling Ke 3 von 104 mm S. S. Länge, auf dessen Verhältnisse ich hier noch hinweisen will, ist natürlich schon jede direkte Verbindung zwischen Duragrenzschichte und Pia mater-Überzug der dünnen Rautenhirnwand unterbrochen und diese Wand allenthalben von der Duragrenzschichte mehr oder weniger weit entfernt. Dies sieht man gut an den in den Fig. 186 bis 193 auf Tafel 29 und 30 (2. T. H. A.) abgebildeten Lichtbildern einer Reihe von Frontalschnitten durch das Rautenhirn dieses Keimlings. Die Fig. 186 bis 190 beziehen sich auf die Verhältnisse des Recessus lateralis ventriculi rhombencephali, dessen Wand in der Nachbarschaft des Sinus sigmoides (vgl. Fig. 190) und des Saccus endolymphaceus, wie dies die Abb. 61 auf Tafel 13 zeigt, der Duragrenzschichte noch am nächsten liegt. Leider sind die feinen, sehr schwach gefärbten leptomeningealen Bälkchen, die vom Sulcus chorioideus ausgehen und an die angeschlossen die Blutgefäße des Plexus chorioides verlaufen, im Lichtbilde nicht recht herausgekommen. Wohl aber sieht man an den Fig. 192 und 193 beiderseits den als überaus feine, quer verlaufende schwarze Linie erscheinenden Durchschnitt der Lamina leptomeningica tecti rhombencephali. Dieselbe ist an dem Schnitte der Fig. 192 an den Pia mater-Überzug des Kleinhirnrandstreifens angeschlossen, während sie an dem Schnitte der Fig. 193 an die kaudale Lamelle der Plica chorioidea anschließt und, wie das Studium der Schnitte lehrt, mit dem diese Plica ausfüllenden Bindegewebe in unmittelbarem Zusammenhang steht. Auf diese Weise trennt diese Lamina, die dorsal auch in der Körpermitte an die Duragrenzschichte befestigt ist, den das Kleinhirn beherbergenden Raum bis zu einem gewissen Grade von dem Raume, in welchen die kaudale Rautenhirndachblase hineinragt. Natürlich sieht man den Durchschnitt dieser Lamina trotz ihrer Zartheit auch an Sagittalschnitten durch Köpfe entsprechend gut konservierter Keimlinge der in Betracht kommenden Altersstufen. Dies zeigen die Fig. 210 und 211 auf Tafel 31 (2. T. H. A.), die Paramedianschnitte durch die Kleinhirne der Keimlinge Gr 8 von 60 mm S. S. Länge und Zw Pr 4 von 68 mm S. S. Länge betreffen. Was später mit dieser Lamina geschieht, habe ich leider nicht ermitteln können.

Daß in der Folgezeit der Recessus lateralis ventriculi rhombencephali, bzw. seine dünne Wand immer weiter von dem Dura mater-Überzug der Labyrinthkapsel und der Gegend des Saccus endolymphaceus abrückt und nur noch durch leptomeningeale Balken mit ihr in Verbindung bleibt, bis schließlich, nachdem sich die Arachnoides von der Dura gelöst hat, auch diese Verbindung zu bestehen aufhört, braucht nicht besonders hervorgehoben zu werden. Es hängt dies mit dem stärkeren Wachstum des das Kleinhirn beherbergenden Schädelabschnittes zusammen.

Erklärung der Tafeln und Abbildungen.

Tafel 1. Abb. 1. Medianschnitt durch das Gehirn im Schädel einer erwachsenen Frau von etwa 50 Jahren. 0·8 : 1.

Tafel 2. Abb. 2. Medianschnitt durch das Gehirn im Schädel eines wenige Wochen alten Kindes. 1 : 1.

Tafel 3. Abb. 3. Medianschnitt durch das Gehirn im Schädel eines reifen totgeborenen Kindes. 1 : 1.

Tafel 4. Lichtbilder von Medianschnitten durch die Köpfe der vier Keimlinge K 1 bis K 4.
Abb. 4 betrifft den Kopf von K 1 mit einer S. S. Länge von 29 *mm*, Vergr. 5fach.
Abb. 5 betrifft den Kopf von K 2 mit einer S. S. Länge von 38·5 *mm*, Vergr. 4fach.
Abb. 6 betrifft den Kopf von K 3 mit einer S. S. Länge von 40 *mm*, Vergr. 4fach.
Abb. 7 betrifft den Kopf von K 4 mit einer S. S. Länge von 51 *mm*, Vergr. 3·5fach.

Tafel 5. Lichtbilder von Medianschnitten durch die Köpfe der vier Keimlinge K 5 bis K 8.
Abb. 8 betrifft den Kopf von K 5 mit einer S. S. Länge von 55 *mm*, Vergr. 3fach.
Abb. 9 betrifft den Kopf von K 6 mit einer S. S. Länge von 77 *mm*, Vergr. 3fach.
Abb. 10 betrifft den Kopf von K 7 mit einer S. S. Länge von 85 *mm*, Vergr. 2·5fach.
Abb. 11 betrifft den Kopf von K 8 mit einer S. S. Länge von 94 *mm*, Vergr. 2fach.

Tafel 6. Lichtbilder von Medianschnitten durch die Köpfe der vier Keimlinge K 9 bis K 12.
Abb. 12 betrifft den Kopf von K 9 mit einer S. S. Länge von 105 *mm*, Vergr. 2fach.
Abb. 13 betrifft den Kopf von K 10 mit einer S. S. Länge von 111 *mm*, Vergr. 2fach.
Abb. 14 betrifft den Kopf von K 11 mit einer S. S. Länge von 113 *mm*, Vergr. 2fach.
Abb. 15 betrifft den Kopf von K 12 mit einer S. S. Länge von 122 *mm*, Vergr. 1·5fach.

Tafel 7. Lichtbilder von Medianschnitten durch die Köpfe der vier Keimlinge K 13 bis K 16.
Abb. 16 betrifft den Kopf von K 13 mit einer S. S. Länge von 144 *mm*, Vergr. 1·5fach.
Abb. 17 betrifft den Kopf von K 14 mit einer S. S. Länge von 147 *mm*, Vergr. 1·5fach.
Abb. 18 betrifft den Kopf von K 15 mit einer S. S. Länge von 180 *mm*, Vergr. 1 : 1.
Abb. 19 betrifft den Kopf von K 16 mit einer S. S. Länge von 200 *mm*, Vergr. 1 : 1.

Tafel 8. Abb. 20. Medianschnitt durch den Kopf des Keimlings K 17 von 210 *mm* S. S. Länge, nat. Größe.
Abb. 21. Medianschnitt durch Hirnstamm und Balken eines Keimlings von 170 *mm* S. S. Länge. Vergr. 2fach.
Abb. 22—27. Profilansichten der Gehirne von Keimlingen verschiedener Körperlänge. In die Hemisphären wurde die Projektionsfigur des Medianschnittes durch die Kommissurenplatte mit der Balkenanlage eingezeichnet.
Abb. 22 betrifft das Gehirn eines Keimlings von 38 *mm* S. S. Länge, Vergr. 3fach.
Abb. 23 betrifft das Gehirn eines Keimlings von 105 *mm* S. S. Länge, Vergr. 1·3fach.
Abb. 24 betrifft das Gehirn eines Keimlings von 127 *mm* S. S. Länge, Vergr. 1·3fach.
Abb. 25 betrifft das Gehirn eines Keimlings von 150 *mm* S. S. Länge, nat. Größe.
Abb. 26 betrifft das Gehirn eines Keimlings von 160 *mm* S. S. Länge, nat. Größe.
Abb. 27 betrifft das Gehirn eines Keimlings von 185 *mm* S. S. Länge, nat. Größe.

Tafel 9. Abb. 28 und 29 zeigen die Seitenansichten der Hemisphären zweier Keimlinge von 200 *mm* (Abb. 28) und 240 *mm* S. S. Länge (Abb. 29), in die gleichfalls die Projektionsfigur des Balkens eingezeichnet wurde. (Nat. Größe.)
Die Abb. 30 bis 34 zeigen die Basialansichten der Gehirne von Keimlingen einer S. S. Länge von 25 *mm* (Abb. 30), von 34·2 *mm* (Abb. 31), von 44 *mm* (Abb. 32), von 68 *mm* (Abb. 33) und von 105 *mm* (Abb. 34).

Tafel 10. Abb. 35 zeigt die Basialansicht des in Abb. 28 abgebildeten Gehirns.
Die Abb. 36 bis 39 zeigen Präparate des Schädelgrundes von Keimlingsköpfen, an denen die Lagebeziehung der Riechhirnausladung des Gehirns zum Schädelgrund zur Darstellung gebracht ist. Es handelt sich um Keimlinge von 43 *mm* (Abb. 36), von 63 *mm* (Abb. 37), von 135 *mm* (Abb. 38) und von 210 *mm* S. S. Länge (Abb. 39).
Abb. 40 zeigt die Lagebeziehungen der Riechhirnausladung eines reifen neugeborenen Mädchens zum Schädelgrund. (Nat. Größe.)
Die Abb. 41 und 42 zeigen ähnliche Präparate zweier erwachsener Männer, von denen der eine (Abb. 41) ein Alter von 36 und der andere ein solches von 45 Jahren hatte. (Nat. Größe.)

Tafel 11. Abb. 43 zeigt die Lagebeziehungen der Riechhirnausladung zum Schädelgrunde eines 22 jährigen Mannes. (Nat. Größe.)

Abb. 44. Seitenansicht des bis zur Körpermitte freigelegten Gehirns eines Keimlings von 190 mm S. S. Länge. (Nat. Größe.)

Die Abb. 45 bis 48 zeigen Sagittalschnitte durch Teile des Vorderkopfes von Keimlingen, an denen die Lagebeziehung der Riechhirnausladung zur primordialen Nasenkapsel sichtbar ist. Abb. 45 bezieht sich auf einen Keimling von 24·33 mm, Abb. 46 auf einen von 29·7 mm, Abb. 47 auf einen von 31·4 mm und Abb. 48 auf einen von 41·6 mm S. S. Länge. (Vergr. 10fach.)

Tafel 12. Die Abb. 49 bis 52 betreffen Sagittalschnitte durch Teile des Vorderkopfes von Keimlingen, an denen die Lagebeziehung der Riechhirnausladung zur primordialen Nasenkapsel sichtbar ist. Abb. 49 betrifft einen Keimling von 68 mm und Abb. 50 einen solchen von 73·5 mm S. S. Länge. (Vergr. 8fach.) Bei den Abb. 51 und 52 handelt es sich um einen Keimling von 105 mm S. S. Länge. An Abb. 51 erscheint die Riechhirnausladung ihrer ganzen Länge nach durchschnitten, während an Abb. 52 nur der Bulbus olfactorius medial angeschnitten erscheint. (Vergr. 4fach.)

Abb. 53 bis 55 betreffen Frontalschnitte durch einen Teil der medialen Wand der einen Großhirnhemisphäre des Keimlings L 3 von 125 mm S. S. Länge. (Vergr. 10fach.) Abb. 53 zeigt einen im Bereich des Balkens und des Cavum septi pellucidi, Abb. 54 einen solchen im Bereich des Splenium corporis callosi und Abb. 55 einen in geringer Entfernung okzipital vom Splenium corporis callosi geführten Durchschnitt.

Tafel 13. Abb. 56 zeigt einen Frontalschnitt durch den Pes hippocampi des Keimlings L 3 von 125 mm S. S. Länge.

Abb. 57 und 58 betreffen Frontalschnitte durch einen Teil der medialen Hemisphärenblasenwände eines Keimlings von 143 mm S. S. Länge. (Vergr. 6fach.)

Abb. 57 betrifft einen Schnitt, der noch das spleniale Ende des Balkens getroffen hat. Abb. 58 hat die Hemisphären unmittelbar okzipital vom Splenium corporis callosi durchschnitten.

Abb. 59 betrifft den Frontalschnitt durch einen Teil der medialen Hemisphärenblasenwände und das spleniale Ende des Balkens eines Keimlings von 190 mm S. S. Länge. (Vergr. 4fach.)

Abb. 60 zeigt einen Frontalschnitt durch das Foramen interventriculare, den Fornix, das Cavum septi pellucidi, den Balken und die an den letzteren anschließenden Teile der Hemisphärenblasenwände eines Keimlings von 210 mm S. S. Länge. (Vergr. 4fach.)

Abb. 61 bis 63 beziehen sich auf Frontalschnitte durch die rechte Hälfte des Kleinhirns, des Recessus lateralis ventriculi rhombencephali und des Saccus endolymphaceus dreier Keimlinge, E 2 von 62 mm (Abb. 62), E 3 von 70 mm (Abb. 61) und Ke 3 von 104 mm S. S. Länge (Abb. 63).

Buchstabenerklärung.

A.	= Atlas		N. K.	= Nackenkrümmung
A. b.	= A. basialis		N, o.	= N. oculomotorius
A. c. a.	= A. cerebralis anterior		N. ol.	= N. olfactorius
A. c. i.	= A. carotis interna		N. t.	= N. terminalis
A. c. m.	= A. cerebralis media		O. p.	= Operculum parietale
A. c. p.	= A. cerebralis posterior		O. t.	= Operculum temporale
A. cb. s.	= A. cerebellaris superior		P. h.	= Pes hippocampi
A. s. c. m.	= Anlage des Sulcus calloso marginalis		P. I.	= Polus Insulae
A. Hy.	= Adenohypophyse		Pl. ch. d.	= Plexus chorioides diencephali
B. o.	= Bulbus olfactorius		Pr. a. p.	= Processus alae parvae
Br. Kr.	= Brückenkrümmung		R. A.	= Riechhirnausladung
C. c. A.	= Anlage des Balkens		R. a.	= Ramus ascendens fissurae lateralis cerebri
C. c. m.	= Cisterna cerebello medullaris			
C. f.	= Corpus fornicis		R. c. c.	= Rostrum corporis callosi
C. m.	= Corpus mamillare		R. i. m.	= Recessus inframamillaris
C. M. H. B.	= Caudaler Mittelhirnblindsack		R. o.	= Ramus occipitalis fissurae lateralis cerebri
C. p.	= Corpus pineale		R. p. c.	= Recessus postcommissuralis
C. qu.	= Corpora quadrigemina		R. s. p.	= Recessus suprapinealis
C. r.	= Commissura rostralis		S. c.	= Sulcus centralis
C. s. p.	= Cavum septi pellucidi		S. c. m.	= Sulcus calloso marginalis
Ch. f. o.	= Chiasma fasciculorum opticorum		S. ch.	= Sulcus chorioideus
Ch. Pl.	= Chiasmaplatte		S. e.	= Saccus endolymphaceus
Co. c.	= Commissura caudalis		S. f.	= Sinus frontalis
Co. P.	= Commissurenplatte		S. h.	= Sulcus hemisphaericus
Cr. c.	= Crus cerebri		S. hi.	= Sulcus hippocampi
Cr. f.	= Crus fornicis		S. i. sph.	= Synchondrosis intersphenoidea
Cr. g.	= Crista galli		S. l. m.	= Stria longitudinalis medialis
D. E.	= Dens epistrophei		S. o.	= Squama occipitalis
E.	= Epistropheus		S. P.	= Schläfepol der Hemisphäre
F. c.	= Falx cerebri		S. p. c.	= Sulcus postcentralis
F. cb.	= Falx cerebelli		S. pr. c.	= Sulcus praecentralis
F. c. l.	= Fossa lateralis cerebri		S. r.	= Sinus rectus
F. f.	= Fimbria fornicis		S. s. i.	= Sinus sagittalis inferior
F. i. v.	= Foramen interventriculare		S. s. i. A.	= Anlage des Sinus sagittalis inferior
F. o.	= Fasciculus opticus		S. s. s.	= Sinus sagittalis superior
F. or.	= Facies orbitalis		S. sph. o.	= Synchondrosis sphenooccipitalis
Fi. o.	= Fila olfactoria		S. t.	= Sinus transversus
Fo. o.	= Fossa olfactoria		S. t. s.	= Sulcus temporalis superior
G. c. c.	= Genu corporis callosi		Sp. c. c.	= Splenium corporis callosi
G. d.	= Gyrus dentatus		T.	= Tentorium
G. o. l.	= Gyrus olfactorius lateralis		T. A.	= Tentoriumanlage
G. s.	= Gyrus semilunaris		T. c.	= Taenia cerebelli
H. P.	= Hinterhauptpol		T. ch. pr.	= Tela chorioidea prosencephali
Hy.	= Hypophyse		T. d.	= Tectum diencephali
I.	= Infundibulum		T. m. o.	= Taenia medullae oblongatae
I. B.	= Isthmusbucht		T. o.	= Tuber olfactorium
I. H.	= Isthmushöcker		T. R.	= Tentoriumrand
i. Kl. W.	= innerer Kleinhirnwulst		Th.	= Thalamus
Kl. H.	= Kleinhirn		Tr. o.	= Tractus olfactorius
Kl. Cy.	= Kleinhirncyste		Tr. op.	= Tractus opticus
L. m.	= Lamina mediana der knorp. Nasenkapsel		Tr. W.	= Trigeminuswurzel
L. l.	= Lamina lateralis der knorp. Nasenkapsel		V. c. 3.	= Vertebra cervicalis tertia
L. s. p. l.	= Limbus sphenopetrosus lateralis		V. c. 4.	= Vertebra cervicalis quarta
L. s. p. m.	= Limbus sphenopetrosus medialis		V. c. m.	= Vena cerebralis magna
M. i.	= Massa intermedia		V. d.	= Ventriculus diencephali
M. l. a. p.	= Margo liber alae parvae		V. m. pr.	= Vena mediana procencephali
N. c.	= Nucleus caudatus		V. m. s.	= Velum medullare superius
N. H.	= Nasenhöhle		V. Rh.	= Ventriculus rhombencephali
N. Hy.	= Neurohypophyse		V. t.	= Vena thalamostriata

Verzeichnis des benützten Schrifttums.

Ariëns Kappers C., On some correlations between Skull and brain. Philos. Trans. Royal Soc. London, Ser. B, Vol. 221, B 480, 1932.
— Feiner Bau und Bahnverbindungen des Zentralnervensystems. Handb. d. vergl. Anatomie der Wirbeltiere, Bd. 2, 1. H., 1934.
Braune W., Topographisch-anatomischer Atlas nach Durchschnitten an gefrorenen Kadavern. Leipzig 1868.
Dabelow A., Über Korrelationen in der philogenetischen Entwicklung der Schädelform. 1. Morpholog. Jahrb., Bd. 63, 1929. — 2. Ebenda, Bd. 67, 1931.
Economo, C. v., Die Cytoarchitektonik der Hirnrinde des erwachsenen Menschen. J. Springer, Wien und Berlin 1925.
Hammar Ernst, Über den Einfluß der Gehirnentwicklung auf den Gesichtsschädel. Beiträge zur pathol. Anatomie, Bd. 91, H. 3, 1933.
Heiderich Fr., Handbuch der Anatomie des Kindes. Herausg. von Dr. K. Peter, Dr. G. Wetzel und Doktor Fr. Heiderich. München 1881, Bd. 1.
Henle J., Handbuch der Nervenlehre des Menschen. Braunschweig 1861.
His W., Die Entwicklung des menschlichen Gehirns während der ersten Monate. Leipzig 1904.
Hochstetter F., Beiträge zur Entwicklungsgeschichte des menschlichen Gehirns, 1919—1929. F. Deuticke, Wien-Leipzig.
— Eröffnungsansprache anläßlich der Tagung der Anatomischen Gesellschaft in Halle a. d. S., April 1924. Ergänzungsheft zum Anat. Anzeiger, Bd. 58.
— Über eine Varietät der Vena cerebralis basialis des Menschen nebst Bemerkungen über die Entwicklung bestimmter Hirnvenen. Zeitschr. f. Anatomie u. Entwicklungsgeschichte, Bd. 108, 1938.
— Über die Entwicklung und Differenzierung der Hüllen des menschlichen Gehirns. Morpholog. Jahrb., Bd. 83, 1939.
— Über die harte Hirnhaut und ihre Fortsätze bei den Säugetieren nebst Angaben über die Lagebeziehung der einzelnen Hirnteile dieser Tiere zueinander, zu den Fortsätzen der harten Hirnhaut und zur Schädelkapsel. Denkschriften der Akad. d. Wissensch. in Wien, Bd. 1906, 1943.
Hovelaque A., Anatomie des Nerfs craniens et rachidiens et du système Grande-Sympathique. Paris 1927.
Key Axel und Retzius, Studien in der Anatomie des Nervensystems und des Bindegewebes. Stockholm 1875.
Martin P., Bogenfurche und Balkenentwicklung bei der Katze. Jenaische Zeitschr. f. Naturw., N. F., Bd. 22, 1895.
Mihalkovic, V. v., Entwicklungsgeschichte des Gehirns. Leipzig 1877.
Merkel Fr., Handbuch der topographischen Anatomie. Braunschweig 1885—1890.
Nicolas A., Traite D'Anatomie humaine par Poirier P. et Charpy A. Nouvelle Edition 1921, Vol. 3
Retzius G., Das Menschenhirn. Stockholm 1896.
Schaeffer O., Untersuchungen über die normale Entwicklung der Dimensionsverhältnisse des fötalen Menschenschädels mit besonderer Berücksichtigung des Schädelgrundes und seiner Gruben. München-Leipzig 1893.
Schwalbe G., Lehrbuch der Neurologie. Erlangen 1881.
— Über die Beziehungen zwischen Innenform und Außenform des Schädels. Deutsches Archiv für klinische Medizin, Bd. 73, 1902.
— Über das Gehirnrelief des Schädels bei Säugetieren. Zeitschrift f. Morphologie u. Anthrop., 1904, Bd. 7, und 1907, Bd. 10.
— Über das Gehirnrelief der Schläfegegend des menschlichen Schädels. Zeitschr. f. Morphologie u. Anthrop., 1907, Bd. 10.
Sive A., Handbuch der Anatomie des Kindes, herausg. von Dr. K. Peter, Dr. G. Wetzel und Dr. Fr. Heiderich. München 1881, Bd. 2, 2. T.: Das Nervensystem.
Smith E., The origin of the corpus callosum acomparative study of the hippocampal region of the cerebrum of Marsupialia and certain Cheiroptera. Trans. Linn. Soc. London, Vol. 7, 1897.
Testut L. und Jacob O., Traité D'Anatomie Topographique. Paris 1929.
Trolard Albert, Note sur le bulbe et les nerfs olfactifs. Journ. de l'Anatomie et de la Physiologie, Bd. 38, 1902.
Villiger Ludwig, Gehirn und Rückenmark. 11.—13. Aufl., bearbeitet von E. Ludwig, 1940, Leipzig.
Virchow R., Untersuchungen über die Entwicklung des Schädelgrundes usw. Berlin 1857.

Hochstetter F.: Entwicklungsgeschichte der kraniozerebralen Topographie des Menschen Tafel 1

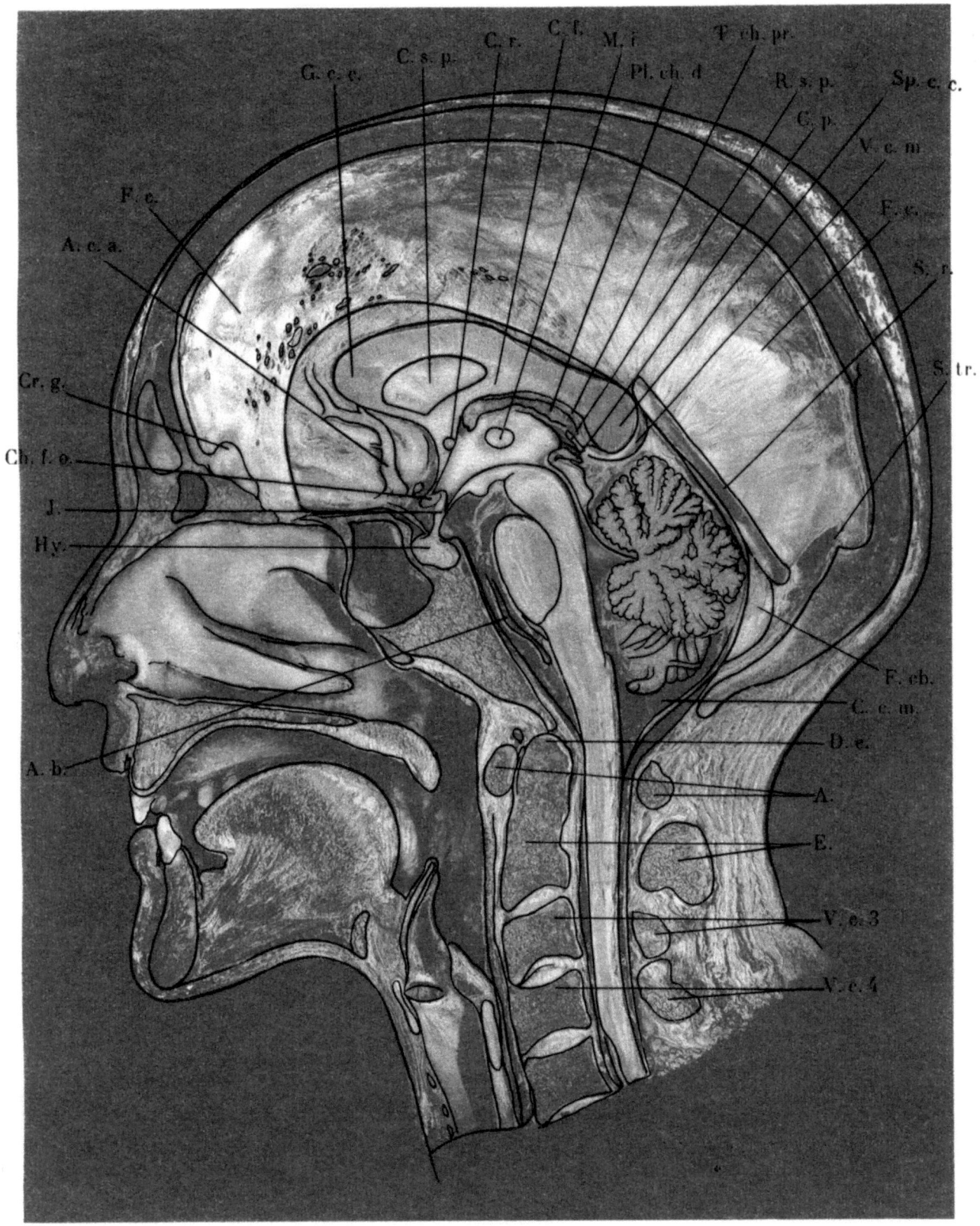

Abb. 1

Hochstetter F.: Entwicklungsgeschichte der kraniozerebralen Topographie des Menschen   Tafel 2

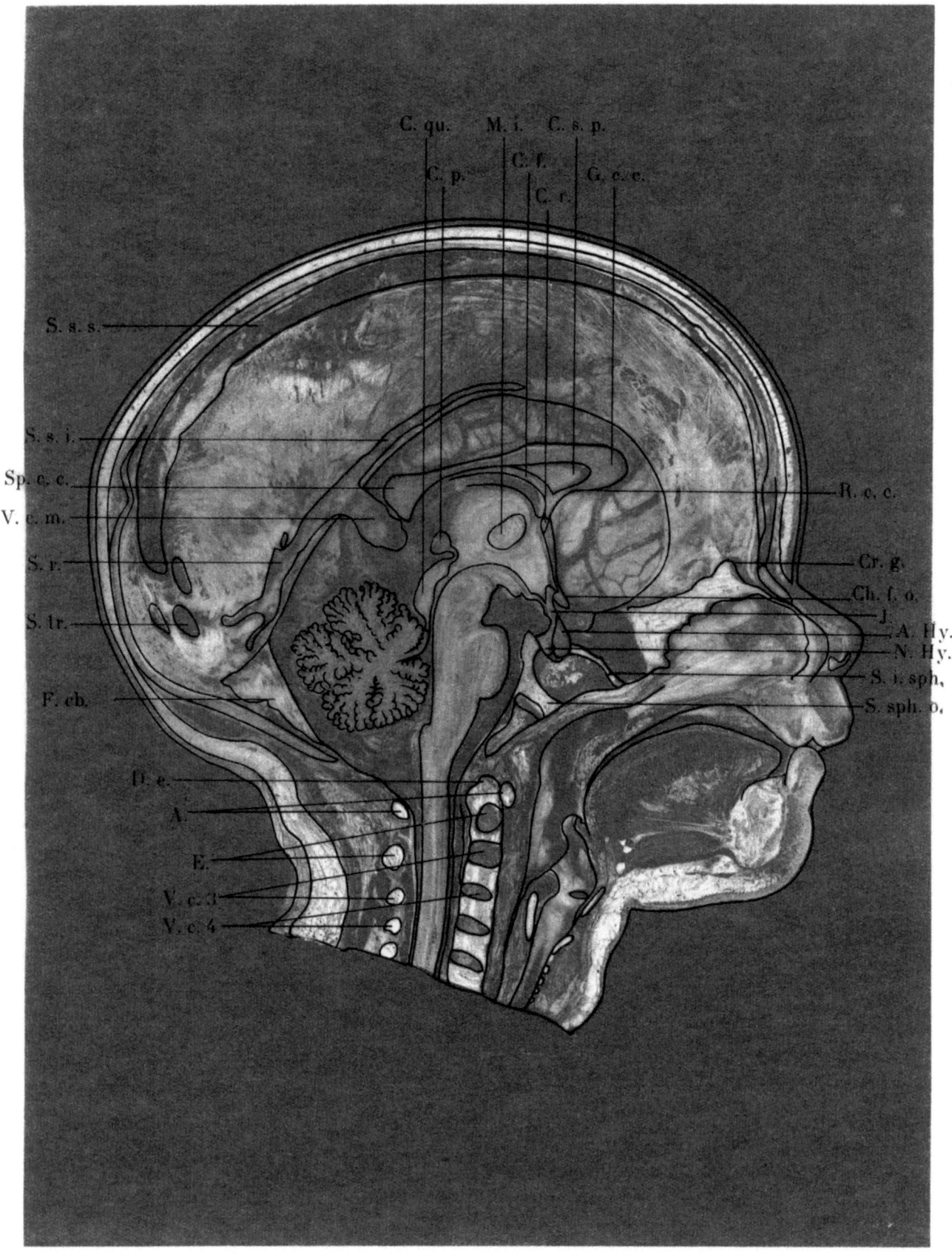

Abb. 2

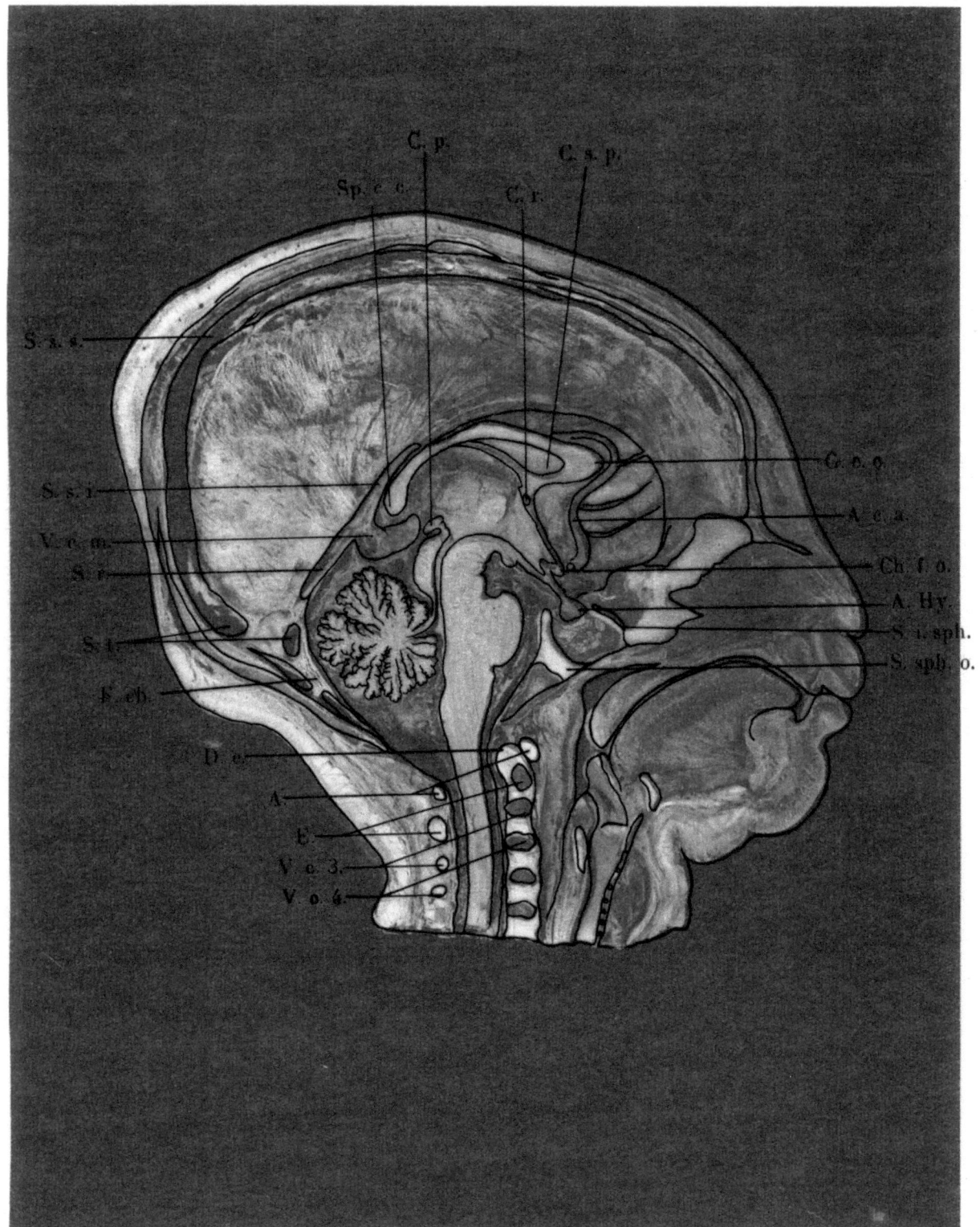

Abb. 3

Hochstetter F.: Entwicklungsgeschichte der kraniozerebralen Topographie des Menschen Tafel 4

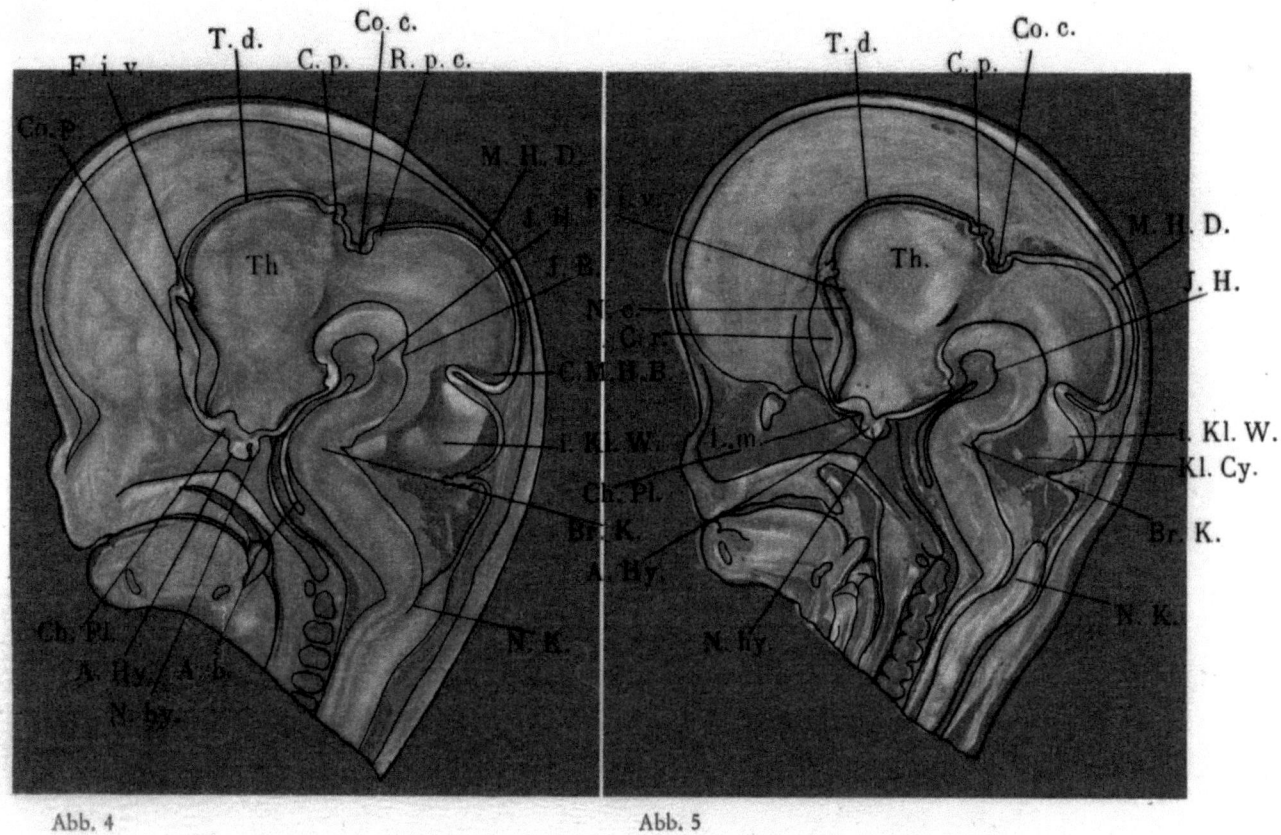

Abb. 4 Abb. 5

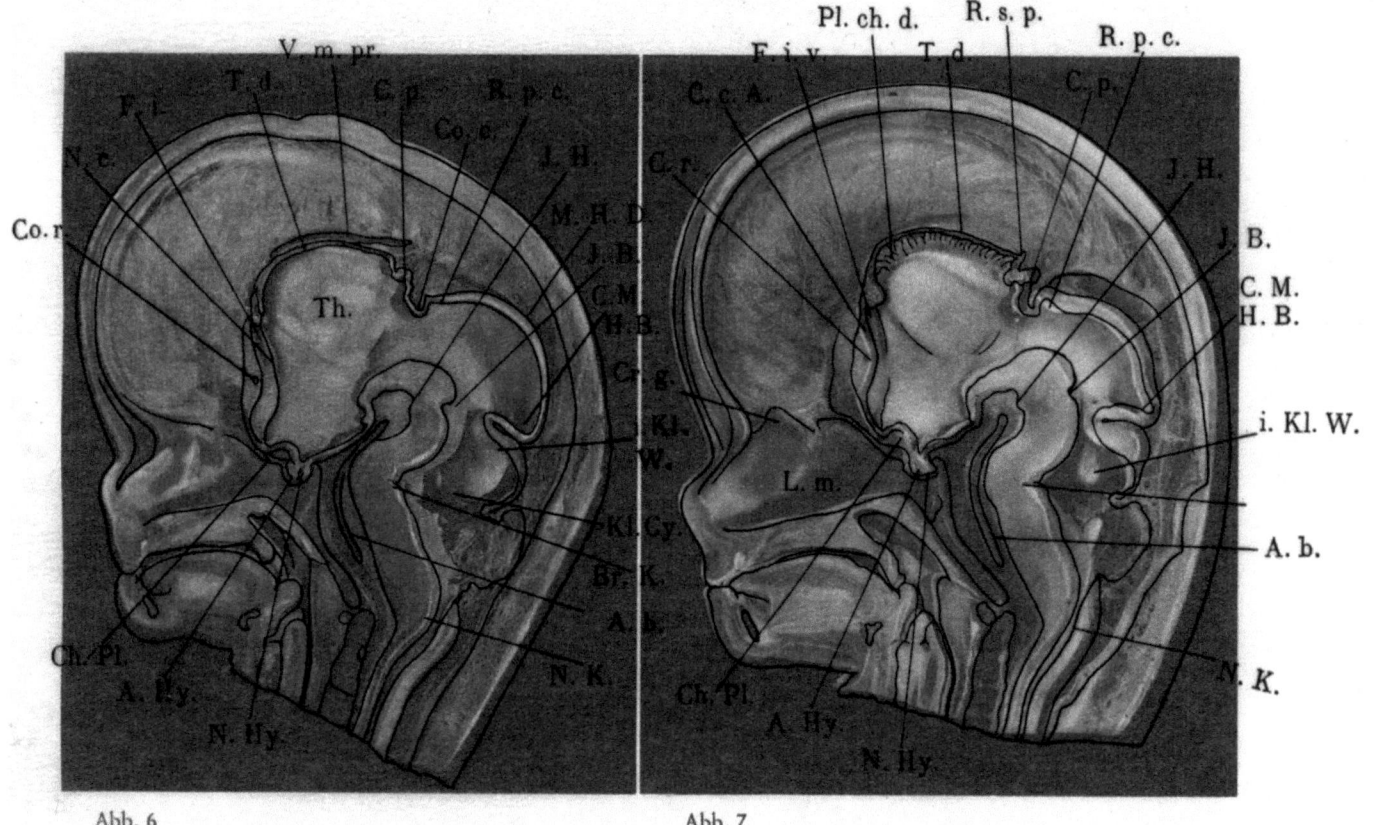

Abb. 6 Abb. 7

Zu Tafel 5

Hochstetter F.: Entwicklungsgeschichte der kraniozerebralen Topographie des Menschen Tafel 5

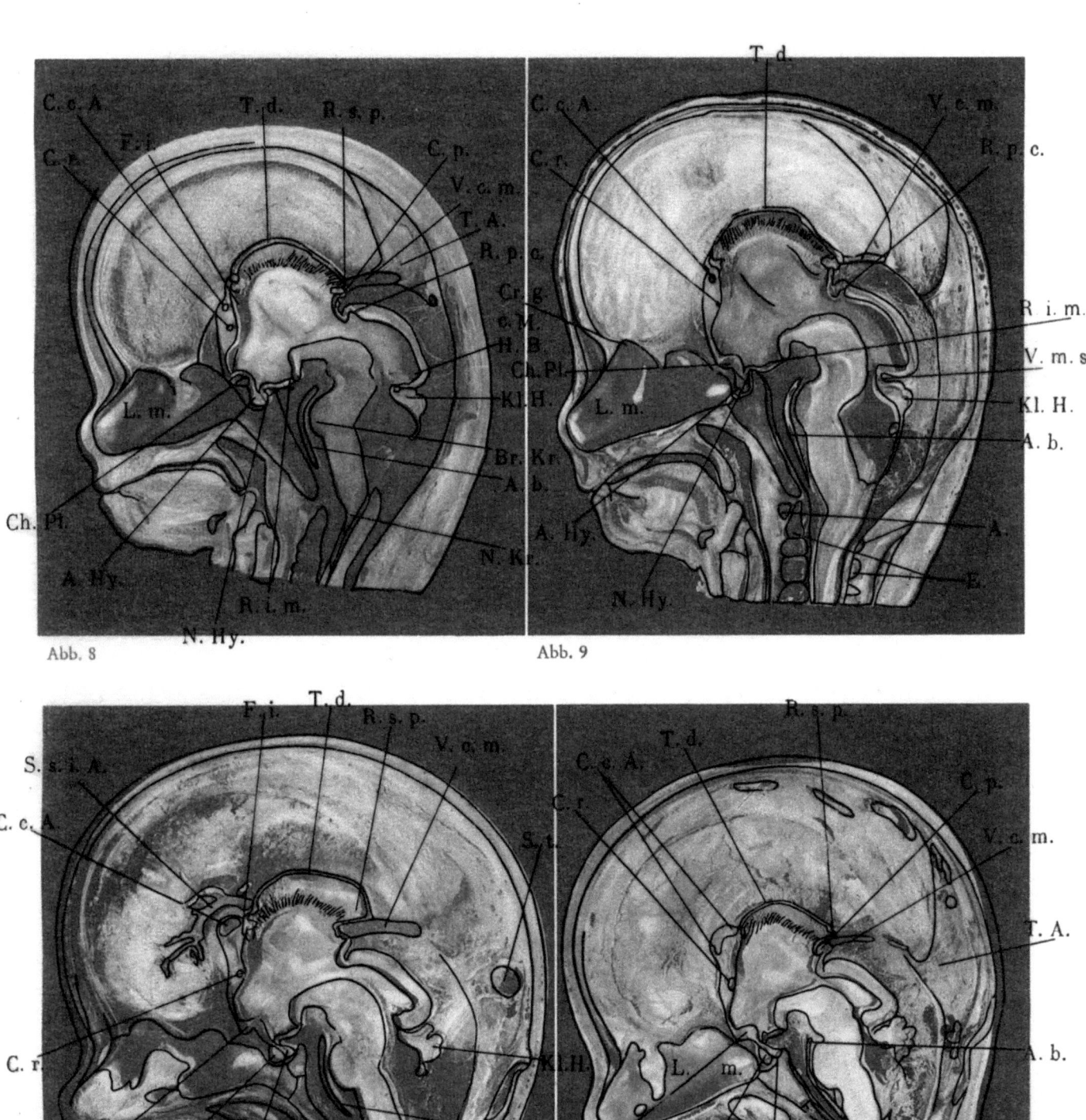

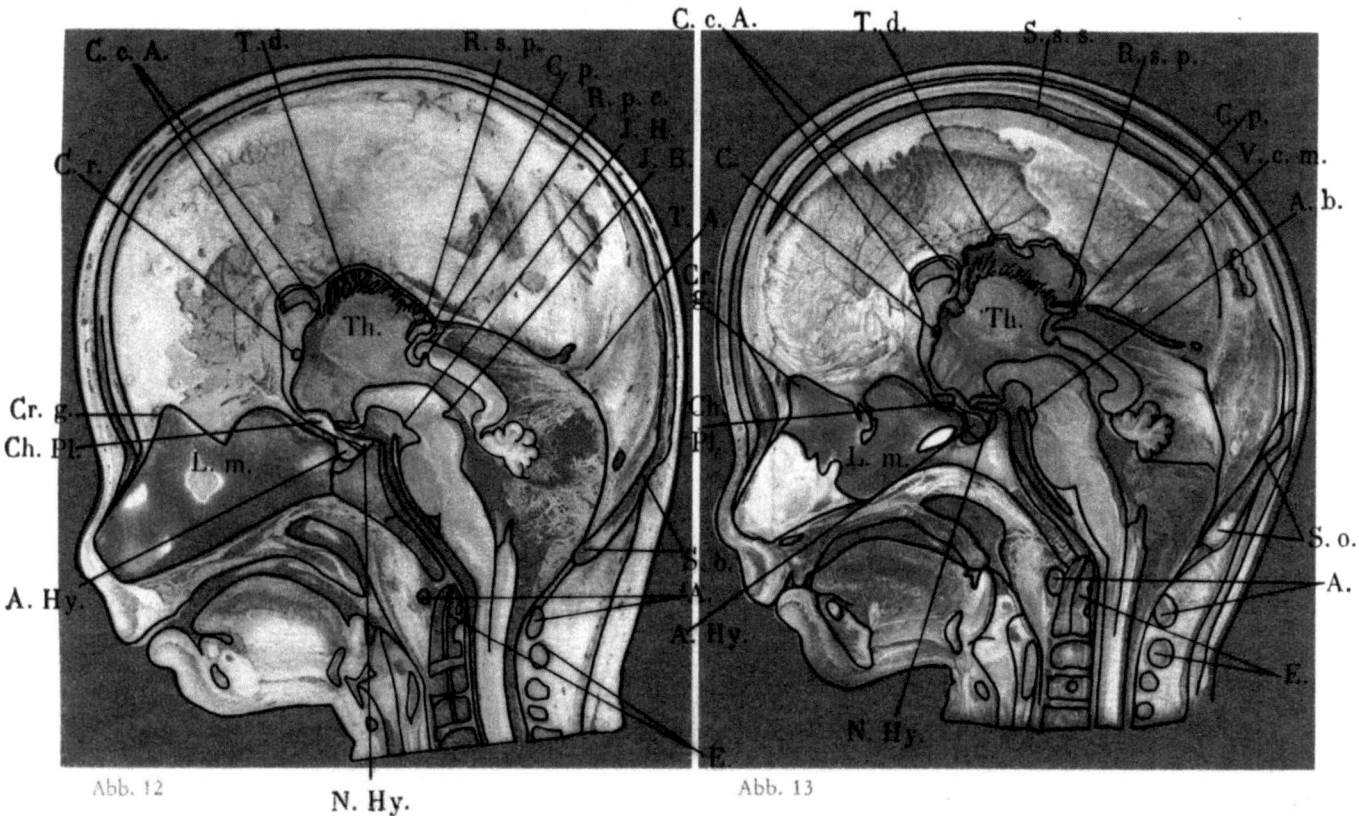

Abb. 12   Abb. 13

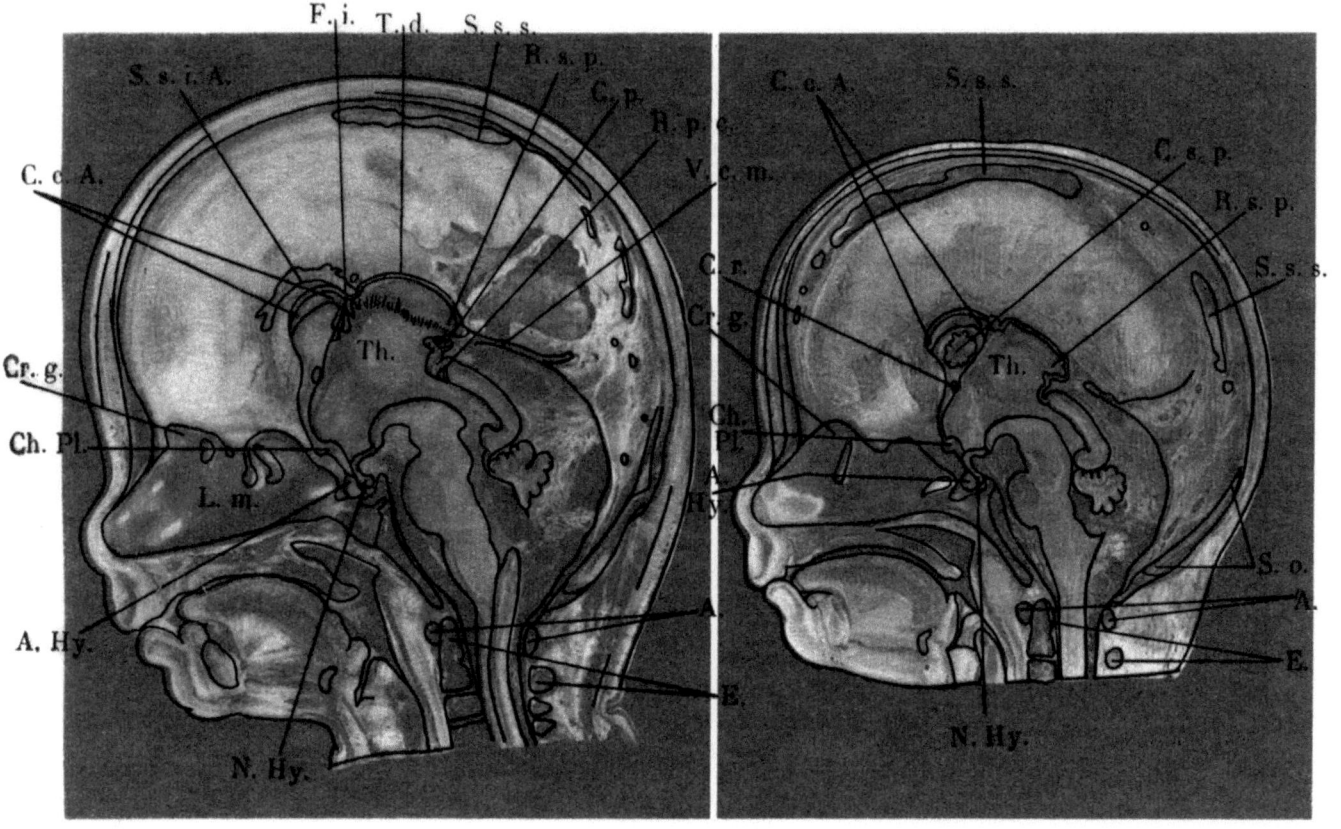

Abb. 14   Abb. 15

Hochstetter F.: Entwicklungsgeschichte der kraniozerebralen Topographie des Menschen Tafel 7

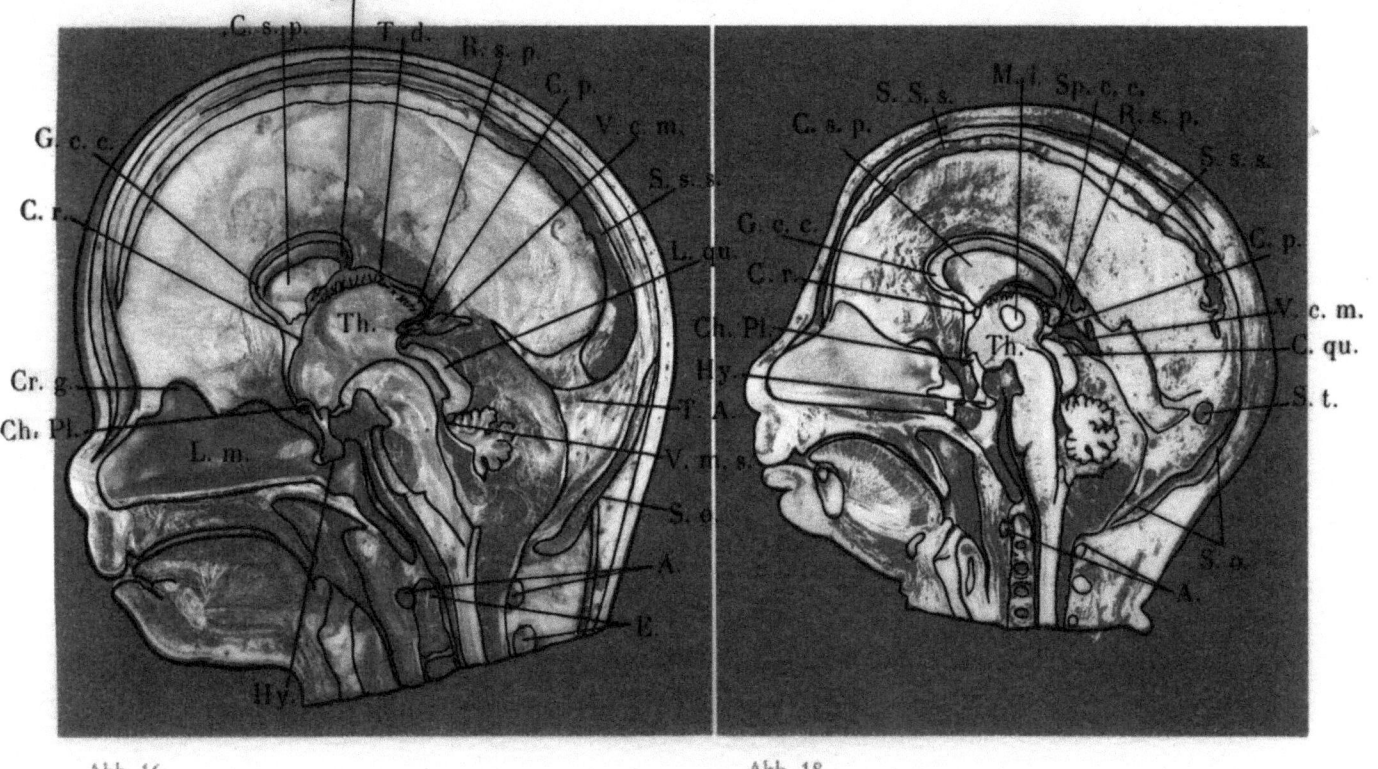

Abb. 16

Abb. 18

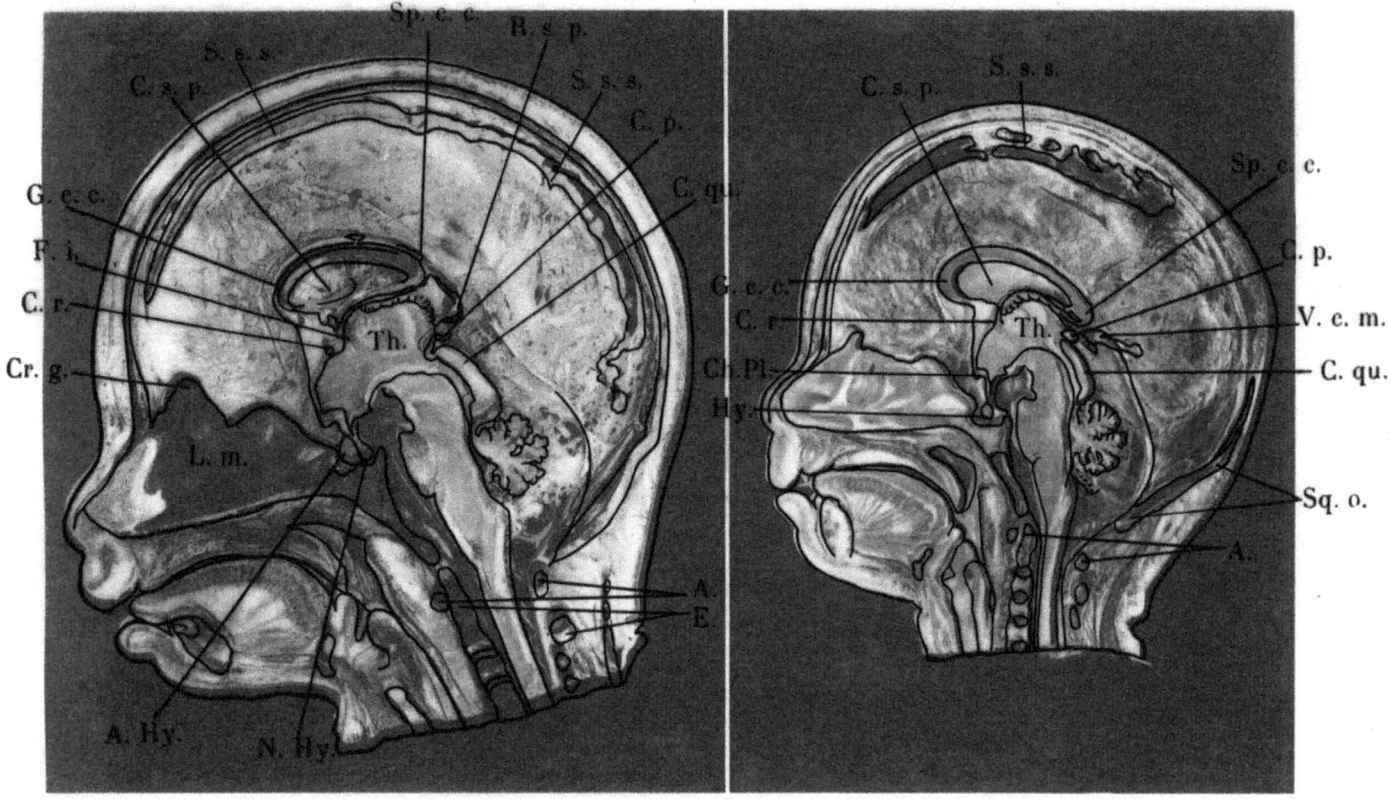

Abb. 17

Abb. 19

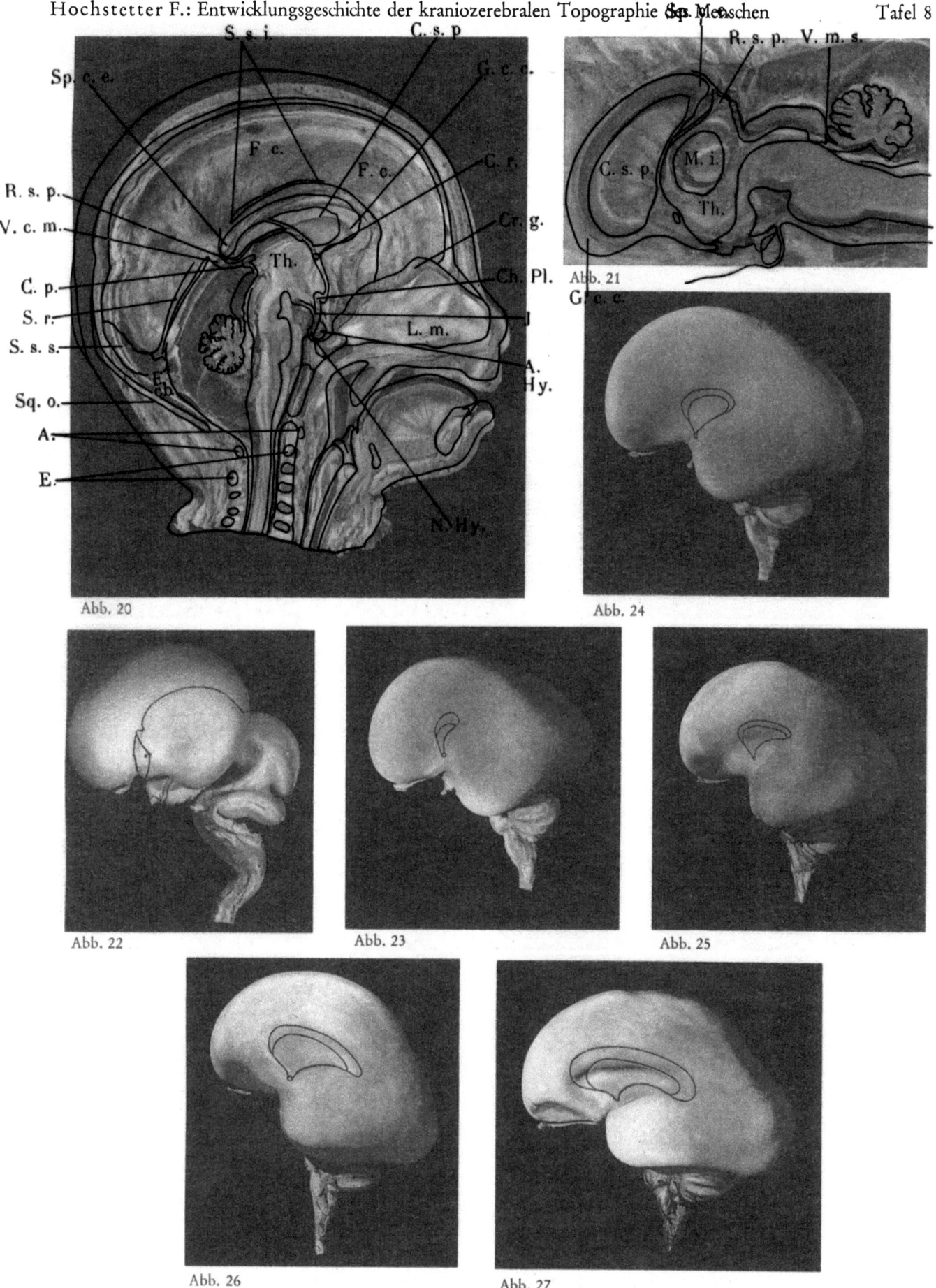

Hochstetter F.: Entwicklungsgeschichte der kraniozerebralen Topographie des Menschen Tafel 8

Hochstetter F.: Entwicklungsgeschichte der kraniozerebralen Topographie des Menschen

Zu Tafel 9

Tafel 9

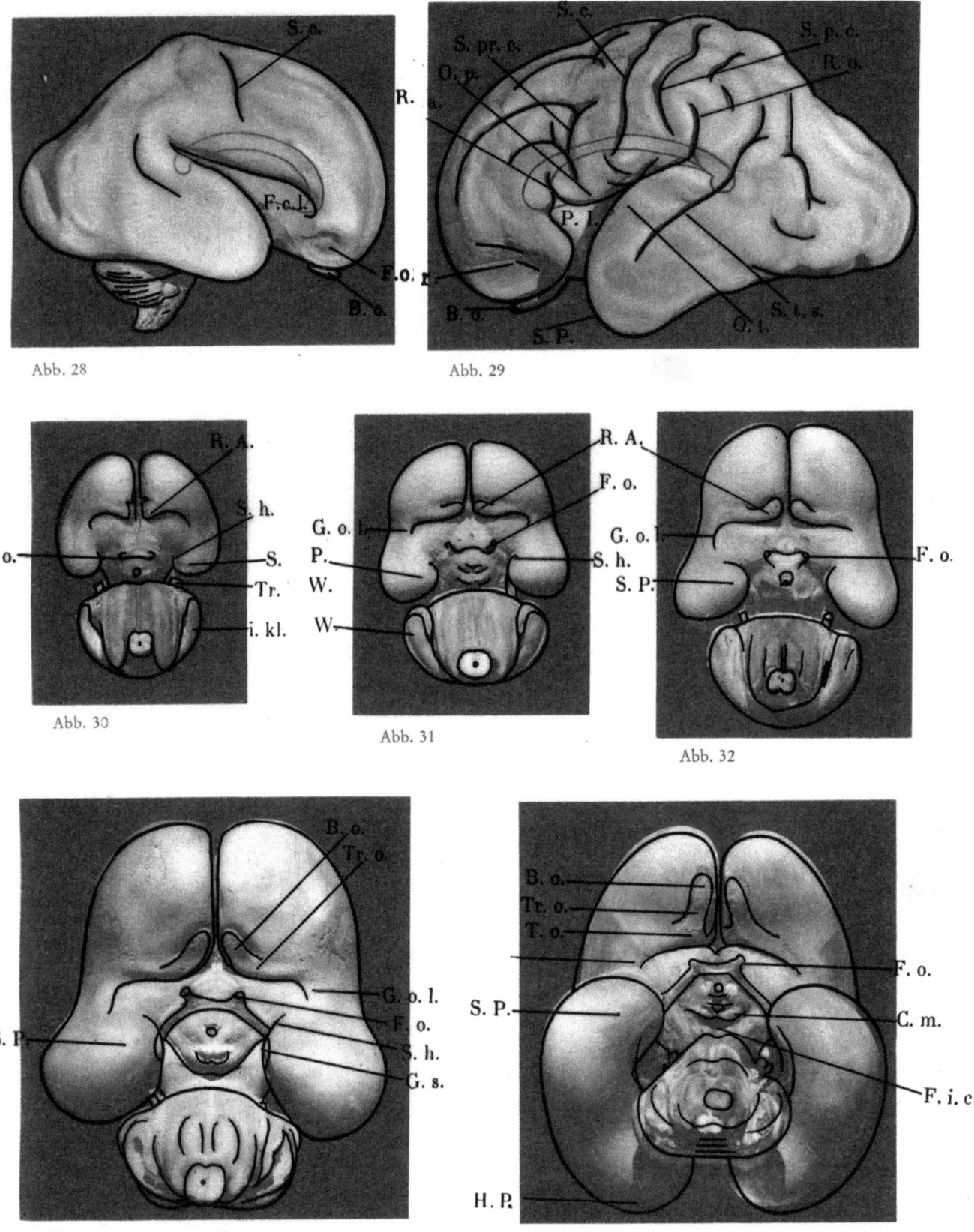

Zu Tafel 10

Hochstetter F.: Entwicklungsgeschichte der kraniozerebralen Topographie des Menschen Tafel 10

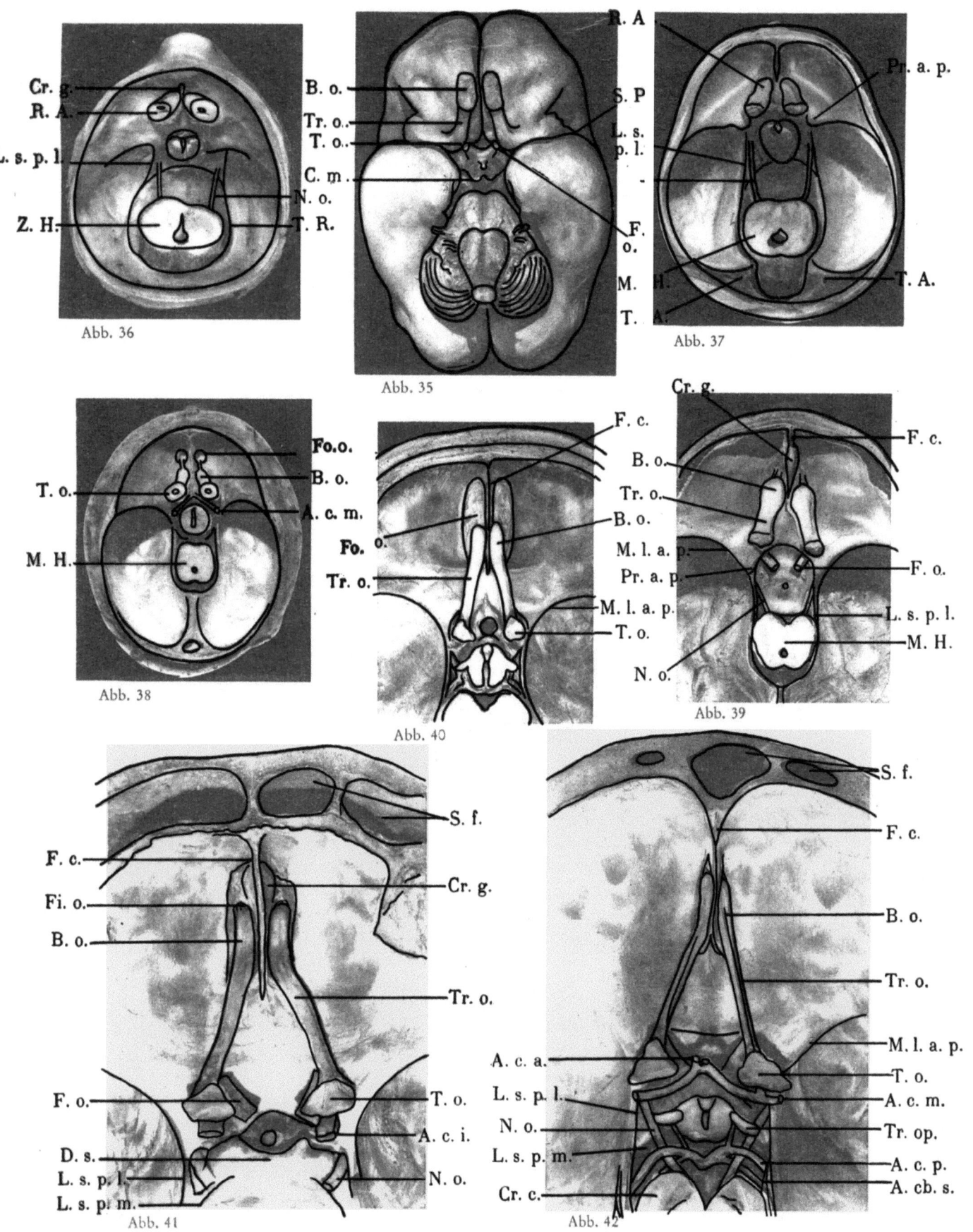

Hochstetter F.: Entwicklungsgeschichte der kraniozerebralen Topographie des Menschen   Tafel 11

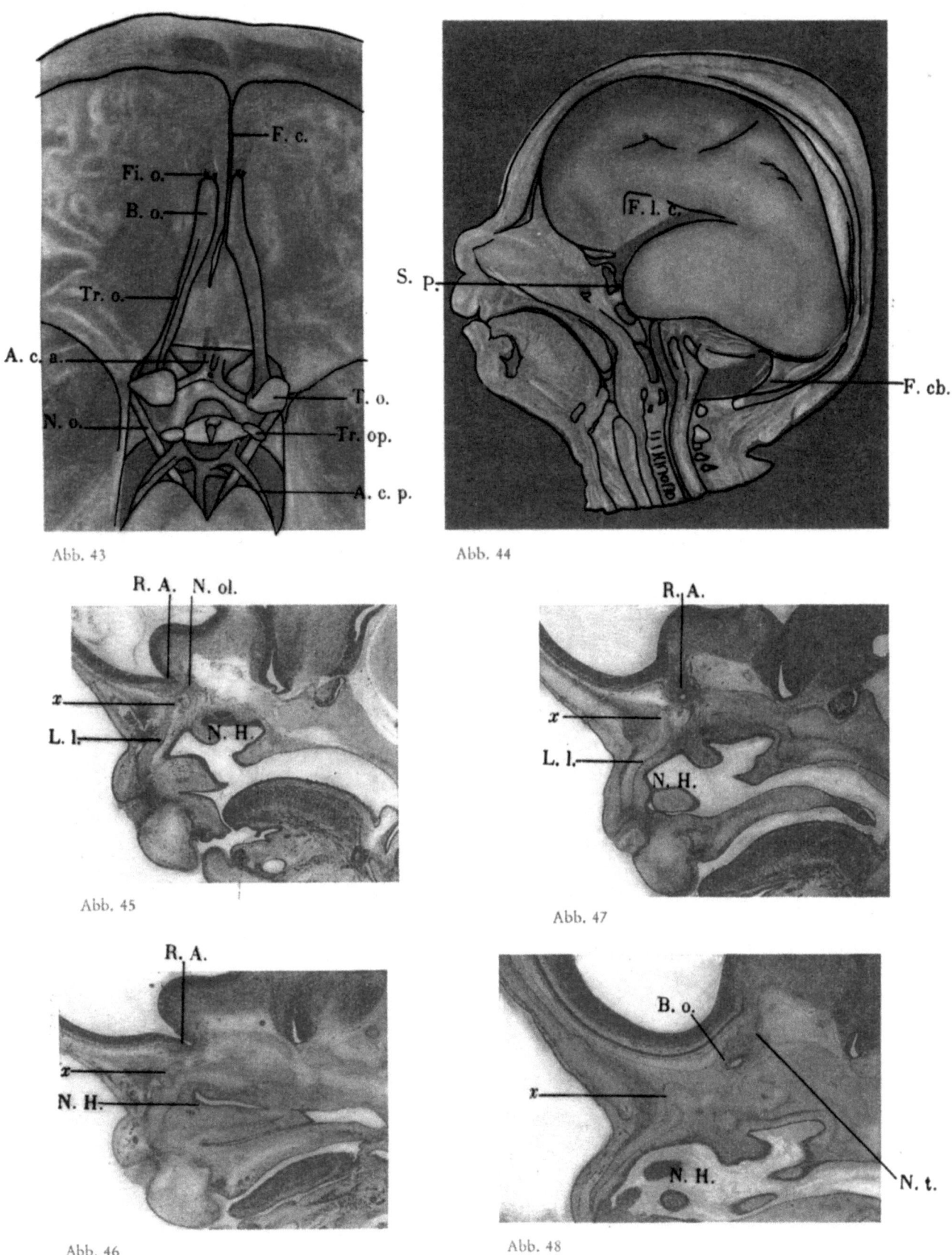

Abb. 43

Abb. 44

Abb. 45

Abb. 46

Abb. 47

Abb. 48

Hochstetter F.: Entwicklungsgeschichte der kraniozerebralen Topographie des Menschen Zu Tafel 12

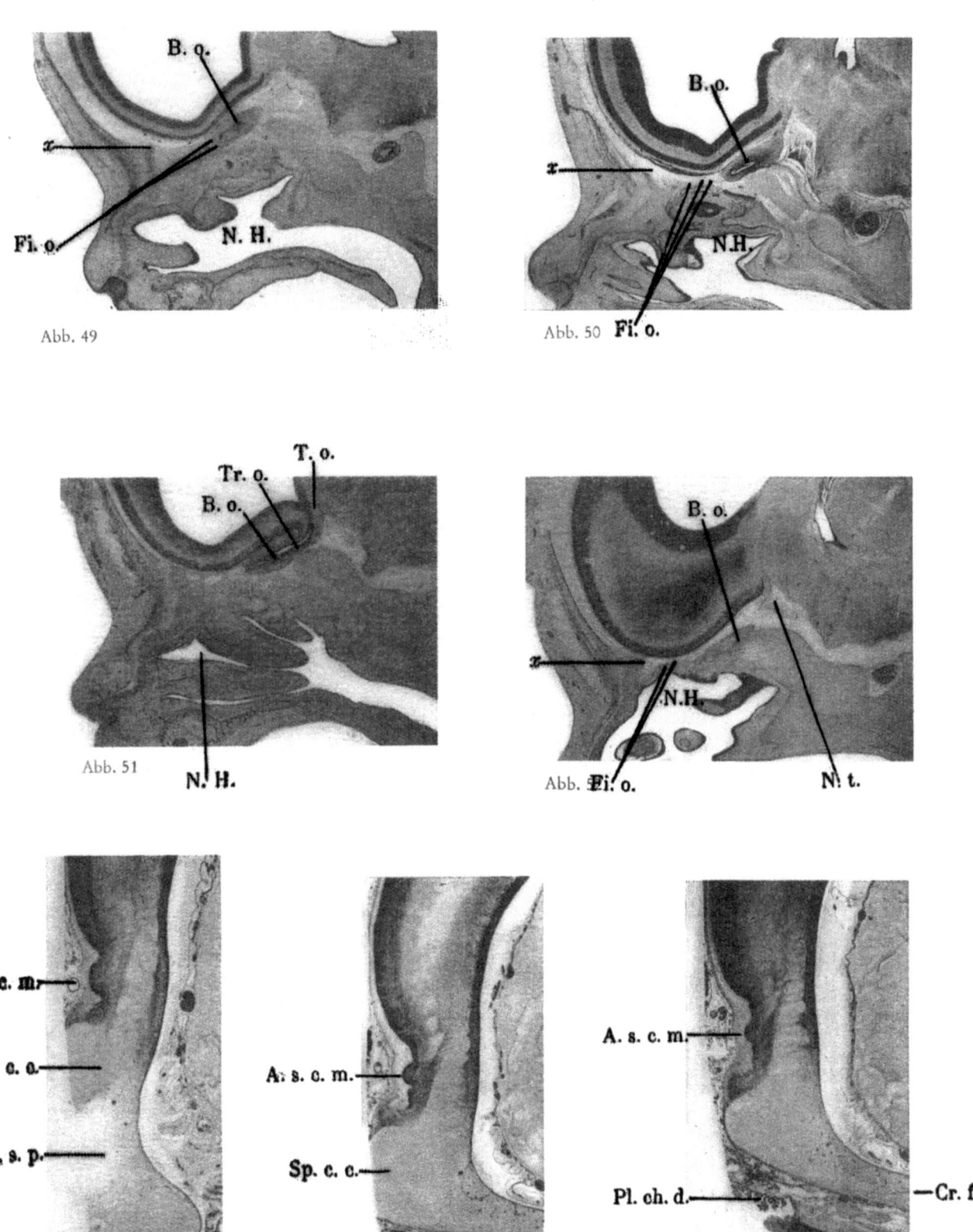

Hochstetter F.: Entwicklungsgeschichte der kraniozerebralen Topographie des Menschen Zu Tafel 13

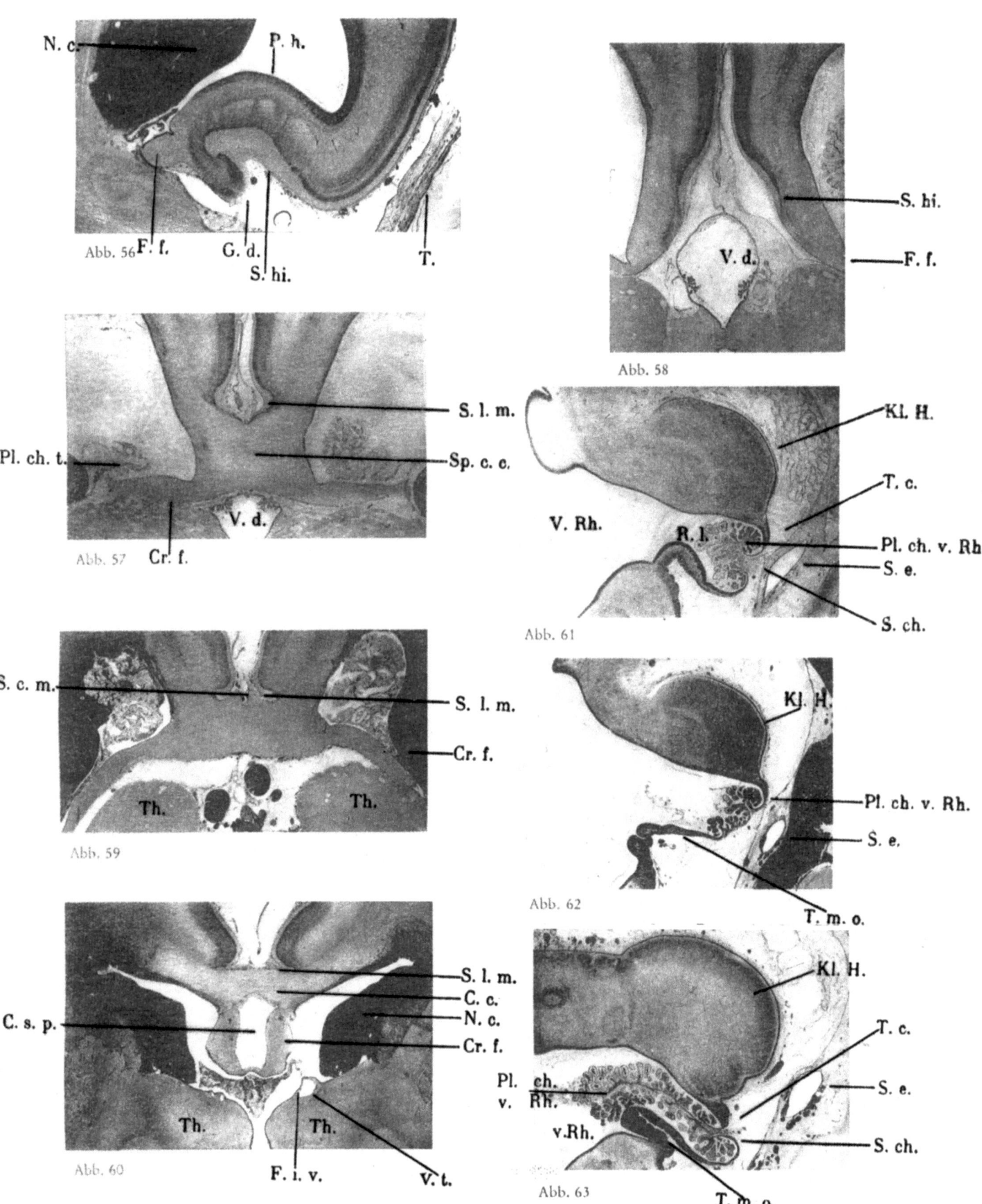

If you have any concerns about our products,
you can contact us on
ProductSafety@springernature.com

In case Publisher is established outside the EU,
the EU authorized representative is:
Springer Nature Customer Service Center GmbH
Europaplatz 3, 69115 Heidelberg, Germany

Printed by Libri Plureos GmbH
in Hamburg, Germany